黒田正博 著

EMアルゴリズム

共立出版

統計学 One Point 18

「統計学 One Point」編集委員会

「統計学 One Point」刊行にあたって

まず述べねばならないのは，著名な先人たちが編纂された共立出版の『数学ワンポイント双書』が本シリーズのベースにあり，編集委員の多くがこの書物のお世話になった世代ということである．この『数学ワンポイント双書』は数学を理解する上で，学生が理解困難と思われる急所を理解するために編纂された秀作本である．

現在，統計学は，経済学，数学，工学，医学，薬学，生物学，心理学，商学など，幅広い分野で活用されており，その基本となる考え方・方法論が様々な分野に散逸する結果となっている．統計学は，それぞれの分野で必要に応じて発展すればよいという考え方もある．しかしながら統計を専門とする学科が分散している状況の我が国においては，統計学の個々の要素を構成する考え方や手法を，網羅的に取り上げる本シリーズは，統計学の発展に大きく寄与できると確信するものである．さらに今日，ビッグデータや生産の効率化，人工知能，IoT など，統計学をそれらの分析ツールとして活用すべしという要求が高まっており，時代の要請も機が熟したと考えられる．

本シリーズでは，難解な部分を解説することも考えているが，主として個々の手法を紹介し，大学で統計学を履修している学生の副読本，あるいは大学院生の専門家への橋渡し，また統計学に興味を持っている研究者・技術者の統計的手法の習得を目標として，様々な用途に活用していただくことを期待している．

本シリーズを進めるにあたり，それぞれの分野において第一線で研究されている経験豊かな先生方に執筆をお願いした．素晴らしい原稿を執筆していただいた著者に感謝申し上げたい．また各巻のテーマの検討，著者への執筆依頼，原稿の閲読を担っていただいた編集委員の方々のご努力に感謝の意を表するものである．

編集委員会を代表して　鎌倉稔成

まえがき

Expectation-Maximization (EM) アルゴリズムは Dempster et al. (1977) が提案した欠測のある観測データに対する最尤推定アルゴリズムである．これ以前にも，Hartley & Hocking (1971) や Chen & Fienberg (1976) などにおいて統計モデルごとで推定アルゴリズムが示されていたが，彼らの論文において初めて Expectation-step (E-step) と Maximization-step (M-step) という非常にシンプルで統一的な EM アルゴリズムとして定式化された．EM アルゴリズムは，観測データの欠測部分を埋めて疑似的な完全データを生成する E-step と，完全データに対する尤度関数を最大化する M-step から構成される．このとき，E-step は仮定した統計モデルの十分統計量を用いて記述することができる．また，M-step では完全データの枠組みで尤度方程式を具体的に解く．

欠測のある観測データにおける最尤推定において，EM アルゴリズムが汎用的な数値解法として定着した要因として，

- E-step と M-step の記述が容易 (simple) であること
- 数値解法として非常に安定 (stable) していること
- 様々な統計モデルの推定問題において柔軟 (flexible) に適応できること

が考えられる．これらの 3 点は EM アルゴリズムをコンピュータプログラミングする際においても重要である．

Dempster et al. (1977) が EM アルゴリズムを提案した後に，その理論的考察を Wu (1983) がおこない，EM アルゴリズムが収束するための正則条件，および EM アルゴリズムが生成する対数尤度関数値の列とパラメータの推定列の収束に関する定理を与えた．応用研究でも，EM アルゴリズムは医学・疫学分野，心理学，経済学・経営学などの社会科学分野といった広範囲にわたって用いられ，その中で多くの改良や拡張がおこな

われてきた．さらに，情報分野でも利用され，画像解析や信号処理，機械学習のための数値計算アルゴリズムとして認知されている (Bishop, 2006; 元田ら, 2012).

本書の目的は，EM アルゴリズムの基本的な事項の紹介と解説をすることにある．そのため，各種統計モデルへの EM アルゴリズムの適用については触れていない．本書の対象として，EM アルゴリズムをこれから勉強しようとする学部 3・4 年生から大学院生，EM アルゴリズムをデータ解析の道具として使っている（EM アルゴリズムの仕組みには馴染みのない）研究者や実務者を考えている．

本書の構成として，第 1 章では，欠測データの発生するメカニズムを定式化し，欠測のある観測データに対する最尤推定について解説する．第 2 章では，Dempster et al. (1977) による EM アルゴリズムの定式化をおこなう．また，観測データが指数型分布族に属する確率分布に従う場合の EM アルゴリズムにおいて，十分統計量と E-step，尤度方程式の解と M-step の関係性を示す．さらに，EM アルゴリズムを拡張した Generalized EM (GEM) アルゴリズムの性質についても示す．第 3 章では，Wu (1983) による EM アルゴリズムの収束に関する正則条件と定理を示し，Meng & Rubin (1994) による EM アルゴリズムの収束率（収束の速さ）に関する結果を紹介する．第 4 章では，EM アルゴリズムを利用した最尤推定値の漸近分散共分散行列の計算法を示す．EM アルゴリズムは，その反復の中で情報量行列を計算しないため，最尤推定値の漸近分散共分散行列を直接得ることができない．漸近分散共分散行列の計算については，Louis 法による計算法とブートストラップ法による近似計算法を紹介する．さらに，ブートストラップ法と関連して，これによるパラメータの信頼区間の計算方法を示す．第 5 章では，EM アルゴリズムの拡張として，Expectation-Conditional Maximization (ECM) アルゴリズムと Monte Carlo EM アルゴリズム，そして，マルコフ連鎖モンテカルロの 1 つである Data Augmentation アルゴリズムを解説する．ECM アルゴリズムは M-step の尤度関数の最大化を条件付き最大化で置き換えたものであり，Monte Carlo EM アルゴリズムは E-step の計算をモンテカルロ法でおこなうものである．これらのアルゴリズムは，EM アルゴリズムを直接に適用できない一般化線形混合モデルなどに対して有効である．Data Augmentation アルゴリズムはベイズ推論の枠組みで EM アルゴリズムを定式化したものである．第 6 章では，EM アルゴリズムの加速法を紹介する．EM アルゴリズムの欠点の 1 つとして，その収束の遅さが指摘される．この問題に対し，準ニュートン法や共役勾配法といった数値解法を EM アルゴリズムに組み込むことで収束を速める方法が提案されており，これらのいくつかを紹介する．さらに，パラメータの推定列のみを利用した補外法による EM アルゴリズムの加速アルゴリズムも解説する．これらの加速アルゴリズムの性能を数値実験により比較する．

EM アルゴリズムについて知りたい読者は第 1 章，第 2 章，第 5 章を読んでいただきたい．また，第 3 章，第 4 章，第 6 章については興味に応じて読んでいただきたい．

本書と関連する書籍について紹介する．第 1 章に関係する欠測データの統計処理については次の和書が詳しい．

阿部貴行 (2016)．欠測データの統計解析．朝倉書店．

高井啓二・星野崇宏・野間久史 (2016)．欠測データの統計科学—医学と社会科学への応用．岩波書店．

高橋将宜・渡辺美智子 (2017)．欠測データ処理：R による単一代入法と多重代入法（統計学 One Point）．共立出版．

これらにおいても，EM アルゴリズムの説明がある．EM アルゴリズムについては

McLachlan G.J. and Krishnan T. (2008). *The EM algorithm and extensions. 2nd edition.* Wiley & Sons Inc.

が有名であり，理論から応用までの幅広い内容と豊富な例題が示されている．

本書は，1994 年から 1 年間，筆者が北京大学の耿直 (Geng Zhi) 教授のもとで指導を受けた際にゼミで作成したノートがもとになっている．

耿教授から Dempster et al. (1977) の論文を解説していただき，これが EM アルゴリズムを知る機会となった．耿教授とのゼミナールでは，Little & Rubin の "*Statistical analysis with missing data*"（1 版，1987 年）と Tanner の "*Tools for statistical inference*"（Springer Lecture Notes in Statistics, 1993 年）をテキストとした輪講，そして，欠測のある観測データの統計解析に関する論文での議論をおこなった．これらを通して，EM アルゴリズムの理論と応用について学べるという非常に恵まれた機会を得ることができた．また，榊原道夫教授（岡山理科大学）には反復法の加速法について教えていただく機会があり，それが共同研究に発展し，最終的に第 6 章で紹介した EM アルゴリズムの加速法の開発に至ることができた．榊原教授には，専門である数値解析の視点から統計計算アルゴリズムを解説していただき，新しい発見が数多くあった．本書は，このように耿教授と榊原教授からの有益な助言と議論から得られたものであり，両教授に深く感謝する．また，渡辺美智子教授（慶応義塾大学）と山口和範教授（立教大学）には，研究活動の様々な場面においての助言に加え，渡辺・山口 (2000) と Watanabe & Yamaguchi (2003) での執筆の機会を与えていただいたことに感謝申し上げる．中川重和教授（岡山理科大学）には章立てに関する助言や草稿段階での内容の誤りの指摘などをしていただいた．御礼申し上げる．また，閲読者の方々には多くの丁寧なコメントをいただいた．最後に，本書の執筆の機会を与えていただいた渡辺美智子教授，そして，原稿の完成を辛抱強く待っていただいた共立出版編集部に御礼申し上げる．

2020 年 5 月

黒田正博（岡山理科大学）

目　次

第1章 欠測のある観測データに対する最尤推定

1.1 最尤推定

観測データから，そのデータが従う確率分布のパラメータを推定する方法に最尤法がある．観測データに欠測が含まれるとき，最尤推定には反復法が必要となる．その1つがEMアルゴリズムである．本節では，欠測のない観測データに対する最尤推定について説明する．

n 個の K 変量確率ベクトル $\mathbf{X}_1, \ldots, \mathbf{X}_n$ が互いに独立で同一な確率分布に従うとする．ここで，$\mathbf{X}_i = [X_{i1}, \ldots, X_{iK}]^\top$ である．このとき，$\mathbf{X} = [\mathbf{X}_1, \ldots, \mathbf{X}_n]$ の同時密度関数 $f(\mathbf{x}|\boldsymbol{\theta})$ は

$$f(\mathbf{x}|\boldsymbol{\theta}) = \prod_{i=1}^{n} f(\mathbf{x}_i|\boldsymbol{\theta}) \tag{1.1}$$

となる．ここで，$\boldsymbol{\theta} = [\theta_1, \ldots, \theta_p]^\top$ はパラメータ空間 $\Omega_{\boldsymbol{\theta}}(\subset \mathbb{R}^p)$ 上の未知ベクトルである．また，$\mathbf{X}$ の実現値

$$\mathbf{x} = [\mathbf{x}_1, \ldots, \mathbf{x}_n] = \begin{bmatrix} x_{11} & \ldots & x_{n1} \\ \vdots & \ddots & \vdots \\ x_{1K} & \ldots & x_{nK} \end{bmatrix}$$

が観測データである．

いま，観測データ $\mathbf{x}$ が与えられたとする．これを固定し，$\boldsymbol{\theta}$ の関数として $f(\mathbf{x}|\boldsymbol{\theta})$ を考える．この関数を $\boldsymbol{\theta}$ の**尤度関数**といい，

$$\mathcal{L}(\boldsymbol{\theta}) = f(\mathbf{x}|\boldsymbol{\theta}) \tag{1.2}$$

と書くことにする．尤度関数 (1.2) を最大化して未知パラメータ $\boldsymbol{\theta}$ を推定する方法を**最尤法** (maximum likelihood method) という．最尤法によって得られる $\boldsymbol{\theta}$ の推定値

$$\boldsymbol{\theta}^* = \boldsymbol{\theta}^*(\mathbf{x}) = \arg\max_{\boldsymbol{\theta}\in\Omega_{\boldsymbol{\theta}}} \mathcal{L}(\boldsymbol{\theta})$$

を**最尤推定値** (maximum likelihood estimate) という．また，$\mathbf{x}$ を $\mathbf{X}$ で置き換えた $\boldsymbol{\theta}^* = \boldsymbol{\theta}^*(\mathbf{X})$ を**最尤推定量** (maximum likelihood estimator) という．

最尤推定値を具体的に計算する場合，尤度関数に対数変換をおこなった**対数尤度関数** $\ell(\boldsymbol{\theta}) = \ln \mathcal{L}(\boldsymbol{\theta})$ の最大化を考える：

$$\boldsymbol{\theta}^* = \arg\max_{\boldsymbol{\theta}\in\Omega_{\boldsymbol{\theta}}} \ell(\boldsymbol{\theta})$$

最尤推定値 $\boldsymbol{\theta}^*$ は $\ell(\boldsymbol{\theta}|\mathbf{x})$ の勾配ベクトルがゼロになる点，すなわち，

$$D\ell(\boldsymbol{\theta}) = \frac{\partial \ell(\boldsymbol{\theta})}{\partial \boldsymbol{\theta}} = \left[\frac{\partial \ell(\boldsymbol{\theta})}{\partial \theta_1}, \ldots, \frac{\partial \ell(\boldsymbol{\theta})}{\partial \theta_p}\right]^\top = \mathbf{0} \tag{1.3}$$

から得られる方程式の解として求めることが一般的である．方程式 (1.3) を**尤度方程式**という．

●多項分布モデル

表 1.1 のような 2×2 分割表を考える．セル度数 $\mathbf{x} = [x_{11}, x_{12}, x_{21}, x_{22}]^\top$ はパラメータ $\boldsymbol{\theta} = [\theta_{11}, \theta_{12}, \theta_{21}, \theta_{22}]^\top$ をもつ多項分布 $\mathrm{Mu}(x_{++}, \boldsymbol{\theta})$ に従うと仮定する．ここで，$x_{++} = \sum_{i=1,2}\sum_{j=1,2} x_{ij}$，$\sum_{i=1,2}\sum_{j=1,2} \theta_{ij} = 1$ である．このとき，確率関数は

$$f(\mathbf{x}|\boldsymbol{\theta}) = \frac{x_{++}!}{\prod_{i=1,2}\prod_{j=1,2} x_{ij}!} \prod_{i=1,2}\prod_{j=1,2} \theta_{ij}^{x_{ij}}$$

で与えられ，対数尤度関数は

表 1.1　2×2 分割表

	$X_2 = 1$	$X_2 = 2$
$X_1 = 1$	x_{11}	x_{12}
$X_1 = 2$	x_{21}	x_{22}

$$\ell(\boldsymbol{\theta}) = \ln \frac{x_{++}!}{\displaystyle\prod_{i=1,2}\prod_{j=1,2} x_{ij}!} + \sum_{i=1,2}\sum_{j=1,2} x_{ij} \ln \theta_{ij}$$

である．ここで，$\theta_{22} = 1 - \theta_{11} - \theta_{12} - \theta_{21}$ より，尤度方程式は

$$\begin{cases} \dfrac{\partial \ell(\boldsymbol{\theta})}{\partial \theta_{11}} = \dfrac{x_{11}}{\theta_{11}} - \dfrac{x_{22}}{1 - \theta_{11} - \theta_{12} - \theta_{21}} = 0, \\ \dfrac{\partial \ell(\boldsymbol{\theta})}{\partial \theta_{12}} = \dfrac{x_{12}}{\theta_{12}} - \dfrac{x_{22}}{1 - \theta_{11} - \theta_{12} - \theta_{21}} = 0, \\ \dfrac{\partial \ell(\boldsymbol{\theta})}{\partial \theta_{21}} = \dfrac{x_{21}}{\theta_{21}} - \dfrac{x_{22}}{1 - \theta_{11} - \theta_{12} - \theta_{21}} = 0 \end{cases} \tag{1.4}$$

であり，これを解くことにより，

$$\boldsymbol{\theta}^* = [\theta_{11}^*, \theta_{12}^*, \theta_{21}^*, \theta_{22}^*]^\top = \left[\frac{x_{11}}{x_{++}}, \frac{x_{12}}{x_{++}}, \frac{x_{21}}{x_{++}}, \frac{x_{22}}{x_{++}}\right]^\top \tag{1.5}$$

を得る．

● 2 変量正規分布モデル

2 変量確率ベクトル $\mathbf{X} = [X_1, X_2]^\top$ は，平均ベクトル $\boldsymbol{\mu}$ と分散共分散行列 $\boldsymbol{\Sigma}$ が

$$\boldsymbol{\mu} = \begin{bmatrix} \mu_1 \\ \mu_2 \end{bmatrix}, \qquad \boldsymbol{\Sigma} = \begin{bmatrix} \sigma_{11} & \sigma_{12} \\ \sigma_{12} & \sigma_{22} \end{bmatrix}$$

である 2 変量正規分布 $N(\boldsymbol{\mu}, \boldsymbol{\Sigma})$ に従うと仮定する．このとき，$\mathbf{X}$ の確率密度関数は

$$f(\mathbf{x}|\boldsymbol{\theta}) = \frac{1}{2\pi|\boldsymbol{\Sigma}|^{1/2}} \exp\left[-\frac{1}{2}(\mathbf{x} - \boldsymbol{\mu})^\top \boldsymbol{\Sigma}^{-1}(\mathbf{x} - \boldsymbol{\mu})\right]$$

である．ここで，$\boldsymbol{\theta} = [\mu_1, \mu_2, \sigma_{11}, \sigma_{12}, \sigma_{22}]^\top$ であるが，$\boldsymbol{\theta} = [\boldsymbol{\mu}, \boldsymbol{\Sigma}]^\top$ と

書くことにする．

観測データ $\mathbf{x}$ が与えられたとき，対数尤度関数は

$$\ell(\boldsymbol{\theta}) = -n \ln 2\pi - \frac{n}{2} \ln |\boldsymbol{\Sigma}| - \frac{1}{2} \sum_{i=1}^{n} (\mathbf{x}_i - \boldsymbol{\mu})^\top \boldsymbol{\Sigma}^{-1} (\mathbf{x}_i - \boldsymbol{\mu})$$

である．ここで，

$$\bar{\mathbf{x}} = \frac{1}{n} \sum_{i=1}^{n} \mathbf{x}_i$$

とすると，

$$\begin{aligned}
&\sum_{i=1}^{n} (\mathbf{x}_i - \boldsymbol{\mu})^\top \boldsymbol{\Sigma}^{-1} (\mathbf{x}_i - \boldsymbol{\mu}) \\
&\quad = \sum_{i=1}^{n} (\mathbf{x}_i - \bar{\mathbf{x}} + \bar{\mathbf{x}} - \boldsymbol{\mu})^\top \boldsymbol{\Sigma}^{-1} (\mathbf{x}_i - \bar{\mathbf{x}} + \bar{\mathbf{x}} - \boldsymbol{\mu}) \\
&\quad = \sum_{i=1}^{n} (\mathbf{x}_i - \bar{\mathbf{x}})^\top \boldsymbol{\Sigma}^{-1} (\mathbf{x}_i - \bar{\mathbf{x}}) + n (\bar{\mathbf{x}} - \boldsymbol{\mu})^\top \boldsymbol{\Sigma}^{-1} (\bar{\mathbf{x}} - \boldsymbol{\mu}) \\
&\quad = \sum_{i=1}^{n} \mathrm{tr} \boldsymbol{\Sigma}^{-1} (\mathbf{x}_i - \bar{\mathbf{x}})(\mathbf{x}_i - \bar{\mathbf{x}})^\top + n \mathrm{tr} \boldsymbol{\Sigma}^{-1} (\bar{\mathbf{x}} - \boldsymbol{\mu})(\bar{\mathbf{x}} - \boldsymbol{\mu})^\top
\end{aligned}$$

より，

$$\begin{aligned}
\ell(\boldsymbol{\theta}) = -n \ln 2\pi - \frac{n}{2} \ln |\boldsymbol{\Sigma}| - \frac{1}{2} \sum_{i=1}^{n} \mathrm{tr} \boldsymbol{\Sigma}^{-1} (\mathbf{x}_i - \bar{\mathbf{x}})(\mathbf{x}_i - \bar{\mathbf{x}})^\top \\
- \frac{n}{2} \mathrm{tr} \boldsymbol{\Sigma}^{-1} (\bar{\mathbf{x}} - \boldsymbol{\mu})(\bar{\mathbf{x}} - \boldsymbol{\mu})^\top
\end{aligned}$$

となる．尤度方程式

$$\frac{\partial \ell(\boldsymbol{\theta})}{\partial \boldsymbol{\mu}} = \frac{\partial \ell(\boldsymbol{\mu}, \boldsymbol{\Sigma})}{\partial \boldsymbol{\mu}} = \mathbf{0}, \tag{1.6}$$

$$\frac{\partial \ell(\boldsymbol{\theta})}{\partial \boldsymbol{\Sigma}^{-1}} = \frac{\partial \ell(\boldsymbol{\mu}, \boldsymbol{\Sigma})}{\partial \boldsymbol{\Sigma}^{-1}} = \mathbf{0}_2 \tag{1.7}$$

を解くことで，最尤推定値 $\boldsymbol{\theta}^* = [\boldsymbol{\mu}^*, \boldsymbol{\Sigma}^*]^\top$ を求めることができる．ここで，$\mathbf{0}_p$ は $p \times p$ 零行列である．まず，方程式 (1.6) を解くことで解

$$\boldsymbol{\mu}^* = \bar{\mathbf{x}}$$

を得る．次に，$\boldsymbol{\mu} = \boldsymbol{\mu}^*$ のもとで方程式 (1.7) を解く．いま，

$$\boldsymbol{\Sigma} = \begin{bmatrix} \sigma_{11} & \sigma_{12} \\ \sigma_{12} & \sigma_{22} \end{bmatrix} = \begin{bmatrix} \sigma_{11} & \sigma_{12} \\ \sigma_{21} & \sigma_{22} \end{bmatrix}$$

の逆行列を

$$\boldsymbol{\Sigma}^{-1} = \begin{bmatrix} \sigma^{11} & \sigma^{12} \\ \sigma^{21} & \sigma^{22} \end{bmatrix} = \frac{1}{|\boldsymbol{\Sigma}|} \begin{bmatrix} \sigma_{22} & -\sigma_{21} \\ -\sigma_{12} & \sigma_{11} \end{bmatrix}$$

と書くことにする．このとき，

$$|\boldsymbol{\Sigma}^{-1}| = \sigma^{11}\sigma^{22} - \sigma^{12}\sigma^{21}$$

であり，

$$\begin{aligned} \frac{\partial \ln |\boldsymbol{\Sigma}^{-1}|}{\partial \boldsymbol{\Sigma}^{-1}} &= |\boldsymbol{\Sigma}| \begin{bmatrix} \dfrac{\partial \ln |\boldsymbol{\Sigma}^{-1}|}{\partial \sigma^{11}} & \dfrac{\partial \ln |\boldsymbol{\Sigma}^{-1}|}{\partial \sigma^{12}} \\ \dfrac{\partial \ln |\boldsymbol{\Sigma}^{-1}|}{\partial \sigma^{21}} & \dfrac{\partial \ln |\boldsymbol{\Sigma}^{-1}|}{\partial \sigma^{22}} \end{bmatrix} \\ &= \begin{bmatrix} \sigma_{11} & \sigma_{12} \\ \sigma_{21} & \sigma_{22} \end{bmatrix} \\ &= \boldsymbol{\Sigma} \end{aligned} \tag{1.8}$$

となる．また，

$$\begin{aligned} &\mathrm{tr}\boldsymbol{\Sigma}^{-1} \sum_{i=1}^{n} (\mathbf{x}_i - \bar{\mathbf{x}})(\mathbf{x}_i - \bar{\mathbf{x}})^\top \\ &\quad = \sigma^{11} \sum_{i=1}^{n} (x_{i1} - \bar{x}_1)^2 + \sigma^{12} \sum_{i=1}^{n} (x_{i1} - \bar{x}_1)(x_{i2} - \bar{x}_2) \\ &\qquad + \sigma^{21} \sum_{i=1}^{n} (x_{i1} - \bar{x}_1)(x_{i2} - \bar{x}_2) + \sigma^{22} \sum_{i=1}^{n} (x_{i2} - \bar{x}_2)^2 \end{aligned}$$

より，

$$\begin{aligned}
&\frac{\partial}{\partial \boldsymbol{\Sigma}^{-1}}\mathrm{tr}\left(\boldsymbol{\Sigma}^{-1}\sum_{i=1}^{n}(\mathbf{x}_i-\bar{\mathbf{x}})(\mathbf{x}_i-\bar{\mathbf{x}})^\top\right)\\
&\quad=\begin{bmatrix}\displaystyle\sum_{i=1}^{n}(x_{i1}-\bar{x}_1)^2 & \displaystyle\sum_{i=1}^{n}(x_{i1}-\bar{x}_1)(x_{i2}-\bar{x}_2)\\ \displaystyle\sum_{i=1}^{n}(x_{i1}-\bar{x}_1)(x_{i2}-\bar{x}_2) & \displaystyle\sum_{i=1}^{n}(x_{i2}-\bar{x}_2)^2\end{bmatrix}\\
&\quad=\sum_{i=1}^{n}(\mathbf{x}_i-\bar{\mathbf{x}})(\mathbf{x}_i-\bar{\mathbf{x}})^\top
\end{aligned}\tag{1.9}$$

となる．式 (1.8) と式 (1.9) より，式 (1.7) は

$$\begin{aligned}
\frac{\partial \ell(\boldsymbol{\mu}^*,\boldsymbol{\Sigma})}{\partial \boldsymbol{\Sigma}^{-1}}&=\frac{n}{2}\frac{\partial \ln|\boldsymbol{\Sigma}^{-1}|}{\partial \boldsymbol{\Sigma}^{-1}}-\frac{1}{2}\frac{\partial}{\partial \boldsymbol{\Sigma}^{-1}}\mathrm{tr}\left(\boldsymbol{\Sigma}^{-1}\sum_{i=1}^{n}(\mathbf{x}_i-\bar{\mathbf{x}})(\mathbf{x}_i-\bar{\mathbf{x}})^\top\right)\\
&=\frac{n}{2}\boldsymbol{\Sigma}-\frac{1}{2}\sum_{i=1}^{n}(\mathbf{x}_i-\bar{\mathbf{x}})(\mathbf{x}_i-\bar{\mathbf{x}})^\top\\
&=\mathbf{0}_2
\end{aligned}$$

となり，

$$\boldsymbol{\Sigma}^*=\frac{1}{n}\sum_{i=1}^{n}(\mathbf{x}_i-\bar{\mathbf{x}})(\mathbf{x}_i-\bar{\mathbf{x}})^\top$$

を得る．したがって，

$$\boldsymbol{\theta}^*=[\boldsymbol{\mu}^*,\boldsymbol{\Sigma}^*]^\top=\left[\bar{\mathbf{x}},\ \frac{1}{n}\sum_{i=1}^{n}(\mathbf{x}_i-\bar{\mathbf{x}})(\mathbf{x}_i-\bar{\mathbf{x}})^\top\right]^\top$$

である．

1.2　指数型分布族に従うモデルの最尤推定

確率変数 $\mathbf{X}$ の従う確率分布が**指数型分布族**に属している場合を考える．このとき，$\mathbf{X}$ の密度関数が

$$f(\mathbf{x}|\boldsymbol{\theta}) = \frac{b(\mathbf{x})\exp[\boldsymbol{\upsilon}(\boldsymbol{\theta})^\top \mathbf{s}(\mathbf{x})]}{a(\boldsymbol{\theta})}$$

で与えられ，

$$f(\mathbf{x}|\boldsymbol{\theta}) = \frac{b(\mathbf{x})\exp[\boldsymbol{\theta}^\top \mathbf{s}(\mathbf{x})]}{a(\boldsymbol{\theta})} \tag{1.10}$$

で書くことができるとき，正準型と呼ぶ (柳川，1990)．ここで，$\boldsymbol{\theta} = [\theta_1, \ldots, \theta_p]^\top$ はパラメータベクトル，$\mathbf{s}(\mathbf{x}) = [s_1(\mathbf{x}), \ldots, s_p(\mathbf{x})]^\top$ は $\boldsymbol{\theta}$ に対応する**十分統計量**のベクトル，$a(\boldsymbol{\theta})$ と $b(\mathbf{x})$ はそれぞれ $\boldsymbol{\theta}$ と $\mathbf{x}$ のスカラー関数とする．以降，指数型分布族は正準型を考える．また，$f(\mathbf{x}|\boldsymbol{\theta})$ の演算において，微分と積分の順序交換が可能であると仮定する．

確率密度関数が式 (1.10) で書けるとき，$\mathbf{x}$ に対する対数尤度関数は

$$\ell(\boldsymbol{\theta}) = -\ln a(\boldsymbol{\theta}) + \boldsymbol{\theta}^\top \mathbf{s}(\mathbf{x}) + \ln b(\mathbf{x}) \tag{1.11}$$

となり，尤度方程式 (1.3) は

$$D\ell(\boldsymbol{\theta}) = -D\ln a(\boldsymbol{\theta}) + D\boldsymbol{\theta}^\top \mathbf{s}(\mathbf{x}) = \mathbf{0}$$

となる．これより，

$$\frac{1}{a(\boldsymbol{\theta})} Da(\boldsymbol{\theta}) = \mathbf{s}(\mathbf{x}) \tag{1.12}$$

を得る．また，$\mathbf{x}$ の標本空間を $\Omega_{\mathbf{X}}$ で表すと，式 (1.10) より，

$$a(\boldsymbol{\theta}) = \int_{\Omega_{\mathbf{X}}} b(\mathbf{x})\exp[\boldsymbol{\theta}^\top \mathbf{s}(\mathbf{x})] d\mathbf{x} \tag{1.13}$$

であり，

$$\begin{aligned} Da(\boldsymbol{\theta}) &= \int_{\Omega_{\mathbf{X}}} b(\mathbf{x}) \frac{\partial}{\partial \boldsymbol{\theta}} \exp[\boldsymbol{\theta}^\top \mathbf{s}(\mathbf{x})] d\mathbf{x} \\ &= \int_{\Omega_{\mathbf{X}}} \mathbf{s}(\mathbf{x}) b(\mathbf{x}) \exp[\boldsymbol{\theta}^\top \mathbf{s}(\mathbf{x})] d\mathbf{x} \end{aligned}$$

と書くことができる．これより，式 (1.12) の左辺は

$$\frac{1}{a(\boldsymbol{\theta})} Da(\boldsymbol{\theta}) = \int_{\Omega_{\mathbf{X}}} \mathbf{s}(\mathbf{x}) f(\mathbf{x}|\boldsymbol{\theta}) d\mathbf{x} = \mathrm{E}\left[\mathbf{s}(\mathbf{X}) \middle| \boldsymbol{\theta}\right]$$

となり，

$$\mathrm{E}\left[\mathbf{s}(\mathbf{X})\middle|\boldsymbol{\theta}\right] = \mathbf{s}(\mathbf{x}) \tag{1.14}$$

を解くことで最尤推定値 $\boldsymbol{\theta}^*$ を得ることができる．

●多項分布モデル

セル度数 $\mathbf{x} = [x_{11}, x_{12}, x_{21}, x_{22}]^\top$ がパラメータ $\boldsymbol{\theta} = [\theta_{11}, \theta_{12}, \theta_{21}, \theta_{22}]^\top$ をもつ多項分布 $\mathrm{Mu}(x_{++}, \boldsymbol{\theta})$ に従うとき，その確率関数は

$$f(\mathbf{x}|\boldsymbol{\theta}) = \frac{x_{++}!}{x_{11}!x_{12}!x_{21}!x_{22}!}\theta_{11}^{x_{11}}\theta_{12}^{x_{12}}\theta_{21}^{x_{21}}\theta_{22}^{x_{22}} \tag{1.15}$$

である．ここで，$\theta_{22} = 1-(\theta_{11}+\theta_{12}+\theta_{21})$，$x_{22} = x_{++}-(x_{11}+x_{12}+x_{21})$ である．いま，

$$\tilde{\boldsymbol{\theta}} = [\tilde{\theta}_{11}, \tilde{\theta}_{12}, \tilde{\theta}_{21}]^\top = \left[\ln\left(\frac{\theta_{11}}{\theta_{22}}\right), \ln\left(\frac{\theta_{12}}{\theta_{22}}\right), \ln\left(\frac{\theta_{21}}{\theta_{22}}\right)\right]^\top \tag{1.16}$$

とすると，確率関数 (1.15) は

$$\begin{aligned} f(\mathbf{x}|\tilde{\boldsymbol{\theta}}) = \frac{x_{++}!}{x_{11}!x_{12}!x_{21}!x_{22}!} \exp\left[\tilde{\theta}_{11}x_{11} + \tilde{\theta}_{12}x_{12} + \tilde{\theta}_{21}x_{21}\right] \\ \times \left(1 + \exp[\tilde{\theta}_{11}] + \exp[\tilde{\theta}_{12}] + \exp[\tilde{\theta}_{21}]\right)^{-x_{++}} \end{aligned}$$

と書くことができ，

$$\begin{aligned} \mathbf{s}(\mathbf{x}) &= [x_{11}, x_{12}, x_{21}]^\top, \\ a(\tilde{\boldsymbol{\theta}}) &= \left(1 + \exp[\tilde{\theta}_{11}] + \exp[\tilde{\theta}_{12}] + \exp[\tilde{\theta}_{21}]\right)^{x_{++}}, \\ b(\mathbf{x}) &= \frac{x_{++}!}{x_{11}!x_{12}!x_{21}!x_{22}!} \end{aligned}$$

となる．

次に，方程式 (1.14) を解く．ここで，

$$a = 1 + \exp[\tilde{\theta}_{11}] + \exp[\tilde{\theta}_{12}] + \exp[\tilde{\theta}_{21}]$$

とすると，

$$
\begin{aligned}
\mathrm{E}\left[\mathbf{s}(\mathbf{X})\middle|\tilde{\boldsymbol{\theta}}\right] &= \left[x_{++}\frac{\exp[\tilde{\theta}_{11}]}{a}, x_{++}\frac{\exp[\tilde{\theta}_{12}]}{a}, x_{++}\frac{\exp[\tilde{\theta}_{21}]}{a}\right]^\top \\
&= [x_{11}, x_{12}, x_{21}]^\top
\end{aligned}
$$

となる．式 (1.16) により，この式を $\boldsymbol{\theta}$ で書き表すと

$$
\begin{aligned}
\mathrm{E}\left[\mathbf{s}(\mathbf{X})\middle|\boldsymbol{\theta}\right] &= [x_{++}\theta_{11}, x_{++}\theta_{12}, x_{++}\theta_{21}]^\top \\
&= [x_{11}, x_{12}, x_{21}]^\top
\end{aligned}
$$

となり，

$$
\begin{aligned}
\boldsymbol{\theta}^* &= [\theta_{11}^*, \theta_{12}^*, \theta_{21}^*, \theta_{22}^*]^\top \\
&= \left[\frac{x_{11}}{x_{++}}, \frac{x_{12}}{x_{++}}, \frac{x_{21}}{x_{++}}, \frac{x_{++} - (x_{11} + x_{12} + x_{21})}{x_{++}}\right]^\top
\end{aligned}
$$

を得る．当然，尤度方程式 (1.4) を直接解くことで得られる解と一致している．

● 2 変量正規分布モデル

観測データ $\mathbf{x} = [\mathbf{x}_1, \ldots, \mathbf{x}_n]$ がパラメータ $\boldsymbol{\theta} = [\boldsymbol{\mu}, \boldsymbol{\Sigma}]^\top$ をもつ 2 変量正規分布 $N(\boldsymbol{\mu}, \boldsymbol{\Sigma})$ に従うとき，その確率密度関数は

$$
f(\mathbf{x}|\boldsymbol{\theta}) = \frac{1}{(2\pi)^n|\boldsymbol{\Sigma}|^{n/2}} \exp\left[-\frac{1}{2}\sum_{i=1}^{n}(\mathbf{x}_i - \boldsymbol{\mu})^\top \boldsymbol{\Sigma}^{-1}(\mathbf{x}_i - \boldsymbol{\mu})\right]
$$

である．このとき，指数部は

$$
\begin{aligned}
&\sum_{i=1}^{n}(\mathbf{x}_i - \boldsymbol{\mu})^\top \boldsymbol{\Sigma}^{-1}(\mathbf{x}_i - \boldsymbol{\mu}) \\
&\quad = \sum_{i=1}^{n}\mathbf{x}_i^\top \boldsymbol{\Sigma}^{-1}\mathbf{x}_i - 2\sum_{i=1}^{n}\boldsymbol{\mu}^\top \boldsymbol{\Sigma}^{-1}\mathbf{x}_i + n\boldsymbol{\mu}^\top \boldsymbol{\Sigma}^{-1}\boldsymbol{\mu} \\
&\quad = \mathrm{tr}\boldsymbol{\Sigma}^{-1}\sum_{i=1}^{n}\mathbf{x}_i\mathbf{x}_i^\top - 2\sum_{i=1}^{n}\boldsymbol{\mu}^\top \boldsymbol{\Sigma}^{-1}\mathbf{x}_i + n\boldsymbol{\mu}^\top \boldsymbol{\Sigma}^{-1}\boldsymbol{\mu}
\end{aligned}
$$

と書くことができるので，

$$\tilde{\boldsymbol{\theta}} = \left[\boldsymbol{\Sigma}^{-1}\boldsymbol{\mu}, -\frac{1}{2}\boldsymbol{\Sigma}^{-1}\right]^\top$$

とすると，

$$\begin{aligned}
\mathbf{s}(\mathbf{x}) &= \left[\sum_{i=1}^{n}\mathbf{x}_i, \sum_{i=1}^{n}\mathbf{x}_i\mathbf{x}_i^\top\right]^\top, \\
a(\tilde{\boldsymbol{\theta}}) &= \exp\left[-\frac{n}{2}\boldsymbol{\mu}^\top\boldsymbol{\Sigma}^{-1}\boldsymbol{\mu} - \frac{n}{2}\ln|\boldsymbol{\Sigma}|\right], \\
b(\mathbf{x}) &= (2\pi)^{-n}
\end{aligned}$$

となる．

方程式 (1.14) を解くとき，

$$\mathrm{E}\left[\mathbf{s}(\mathbf{X})\middle|\tilde{\boldsymbol{\theta}}\right] = \left[n\boldsymbol{\mu}, n(\boldsymbol{\Sigma} + \boldsymbol{\mu}\boldsymbol{\mu}^\top)\right]^\top = \left[\sum_{i=1}^{n}\mathbf{x}_i, \sum_{i=1}^{n}\mathbf{x}_i\mathbf{x}_i^\top\right]^\top$$

となる．したがって，

$$\boldsymbol{\theta}^* = [\boldsymbol{\mu}^*, \boldsymbol{\Sigma}^*]^\top = \left[\bar{\mathbf{x}}, \frac{1}{n}\sum_{i=1}^{n}\mathbf{x}_i\mathbf{x}_i^\top - \bar{\mathbf{x}}\bar{\mathbf{x}}^\top\right]^\top$$

を得る．

1.3 欠測データの発生メカニズムと最尤推定

$\mathbf{x}$ に欠測部分があるときの $\boldsymbol{\theta}$ の最尤推定を考える．このとき，$\mathbf{x}$ の欠測の発生メカニズムを考慮することが必要となる．

$\mathbf{x}$ の欠測の有無を示す2値の確率変数

$$O_{ij} = \begin{cases} 1, & x_{ij}\ \text{は観測} \\ 0, & x_{ij}\ \text{は欠測} \end{cases}$$

を導入し，これを要素とした行列を $\mathbf{O}$ と書くことにする：

$$\mathbf{O} = [\mathbf{O}_1, \cdots, \mathbf{O}_n] = \begin{bmatrix} O_{11} & \dots & O_{n1} \\ \vdots & \ddots & \vdots \\ O_{1K} & \dots & O_{nK} \end{bmatrix}$$

このとき，$\mathbf{x}$ の欠測の有無は $\mathbf{O}$ の値 $\mathbf{o}$ で表現される．例えば，

$$\mathbf{x} = [\mathbf{x}_1, \mathbf{x}_2, \mathbf{x}_3, \mathbf{x}_4] = \begin{bmatrix} x_{11} & x_{21} & x_{31} & x_{41} \\ x_{12} & * & * & x_{42} \\ x_{13} & * & x_{33} & * \end{bmatrix} \tag{1.17}$$

が与えられたとき，

$$\mathbf{o} = [\mathbf{o}_1, \mathbf{o}_2, \mathbf{o}_3, \mathbf{o}_4] = \begin{bmatrix} 1 & 1 & 1 & 1 \\ 1 & 0 & 0 & 1 \\ 1 & 0 & 1 & 0 \end{bmatrix}$$

となる．ここで，$\mathbf{x}$ における $*$ は欠測を示す．いま，$\mathbf{X}$ において，観測部分を $\mathbf{Y}$，欠測部分を $\mathbf{Z}$ によって書くことにする．このとき，観測データ (1.17) に対応する確率変数は

$$\mathbf{X} = [\mathbf{X}_1, \mathbf{X}_2, \mathbf{X}_3, \mathbf{X}_4] = \begin{bmatrix} Y_{11} & Y_{21} & Y_{31} & Y_{41} \\ Y_{12} & Z_{22} & Z_{32} & Y_{42} \\ Y_{13} & Z_{23} & Y_{33} & Z_{43} \end{bmatrix}$$

である．

次に，欠測データの確率分布を考える．欠測データの発生メカニズムを規定するパラメータベクトルを $\boldsymbol{\psi}$ とし，そのパラメータ空間を $\Omega_{\boldsymbol{\psi}}$ とする．このとき，$\mathbf{x}$ と $\mathbf{o}$ の従う同時確率分布の密度関数は

$$f(\mathbf{x}, \mathbf{o}|\boldsymbol{\theta}, \boldsymbol{\psi}) = f(\mathbf{x}|\boldsymbol{\theta}) f(\mathbf{o}|\mathbf{x}, \boldsymbol{\psi}, \boldsymbol{\theta})$$

と書くことができる．実際の解析において，$\mathbf{y}$ が観測される（$\mathbf{z}$ は観測されない）ため，同時密度関数として

$$
\begin{aligned}
f(\mathbf{y}, \mathbf{o}|\boldsymbol{\theta}, \boldsymbol{\psi}) &= \int_{\Omega_{\mathbf{z}}} f(\mathbf{x}, \mathbf{o}|\boldsymbol{\theta}, \boldsymbol{\psi}) d\mathbf{z} \\
&= \int_{\Omega_{\mathbf{z}}} f(\mathbf{y}, \mathbf{z}|\boldsymbol{\theta}) f(\mathbf{o}|\mathbf{y}, \mathbf{z}, \boldsymbol{\psi}, \boldsymbol{\theta}) d\mathbf{z} \qquad (1.18)
\end{aligned}
$$

を考える必要がある．ただし，$\mathbf{y}$ のみから $\boldsymbol{\theta}$ の推測をおこなうことはバイアスを生じさせる可能性があり，**欠測データの発生メカニズム** (missing data mechanism) を考慮しなければならない．欠測データの発生メカニズムは次の3つに分類される (Little & Rubin, 2002)：

- 欠測が $\mathbf{y}$ と $\mathbf{z}$ の両方の値に依存しない **MCAR** (Missing Completely At Random)
- 欠測が $\mathbf{y}$ の値のみに依存する **MAR** (Missing At Random)
- 欠測が $\mathbf{z}$（と $\mathbf{y}$ の両方）の値に依存する **NMAR** (Not Missing At Random)

Rubin (1976) は，欠測が MCAR または MAR であり，$\boldsymbol{\theta}$ と $\boldsymbol{\psi}$ のパラメータ空間が分離できる (distinctness) とき，欠測データの発生メカニズムは尤度関数について**無視可能** (ignorable) という結果を与えた．すなわち，MCAR を仮定したとき，式 (1.18) は

$$
f(\mathbf{y}, \mathbf{o}|\boldsymbol{\theta}, \boldsymbol{\psi}) = f(\mathbf{y}|\boldsymbol{\theta}) f(\mathbf{o}|\boldsymbol{\psi})
$$

となり，MAR のもとでは，

$$
f(\mathbf{y}, \mathbf{o}|\boldsymbol{\theta}, \boldsymbol{\psi}) = f(\mathbf{y}|\boldsymbol{\theta}) f(\mathbf{o}|\mathbf{y}, \boldsymbol{\psi})
$$

となる．したがって，これらの尤度関数はそれぞれ

$$
\begin{aligned}
\mathcal{L}(\boldsymbol{\theta}, \boldsymbol{\psi}) &= f(\mathbf{y}|\boldsymbol{\theta}) f(\mathbf{o}|\boldsymbol{\psi}) \propto \mathcal{L}(\boldsymbol{\theta}), \\
\mathcal{L}(\boldsymbol{\theta}, \boldsymbol{\psi}) &= f(\mathbf{y}|\boldsymbol{\theta}) f(\mathbf{o}|\mathbf{y}, \boldsymbol{\psi}) \propto \mathcal{L}(\boldsymbol{\theta})
\end{aligned}
$$

となり，$\boldsymbol{\theta}$ の最尤推定値は $\mathcal{L}(\boldsymbol{\theta})$ の最大化によって求めることができる：

$$
\boldsymbol{\theta}^* = \arg \max_{\boldsymbol{\theta} \in \Omega_{\boldsymbol{\theta}}} \mathcal{L}(\boldsymbol{\theta})
$$

表 1.2　欠測を含む 2×2 分割表

(a)$\mathbf{y}_{\mathrm{obs}} = [y_{11}, y_{12}, y_{21}, y_{22}]^\top$

	$Y_2 = 1$	$Y_2 = 2$
$Y_1 = 1$	y_{11}	y_{12}
$Y_1 = 2$	y_{21}	y_{22}

(b)$\mathbf{y}_{\mathrm{mis1}} = [r_1, r_2]^\top$

	$Y_2 =$ 欠測
$Y_1 = 1$	r_1
$Y_1 = 2$	r_2

(c)$\mathbf{y}_{\mathrm{mis2}} = [c_1, c_2]^\top$

	$Y_2 = 1$	$Y_2 = 2$
$Y_1 =$ 欠測	c_1	c_2

このように，欠測データの発生メカニズムが MCAR または MAR であるとき，$\mathcal{L}(\boldsymbol{\theta})$ に基づく最尤推定は妥当であり，これを最大化するための数値解法が必要となる．

●多項分布モデル

表 1.2 の分割表を考える．観測されたセル度数は $\mathbf{y}_{\mathrm{obs}} = [y_{11}, y_{12}, y_{21}, y_{22}]^\top$，$\mathbf{y}_{\mathrm{mis1}} = [r_1, r_2]^\top$，$\mathbf{y}_{\mathrm{mis2}} = [c_1, c_2]^\top$ であり，$\mathbf{y}_{\mathrm{mis1}}$ は Y_2 の観測が欠測，そして，$\mathbf{y}_{\mathrm{mis2}}$ は Y_1 の観測が欠測している．

ここで，表 1.2 の形式でまとめられる分割表について説明する．ある職場で，インフルエンザの予防接種の有無についてのアンケート調査を 100 人におこなったとする．Y_1 を性別（男性 =1，女性 =2），Y_2 をインフルエンザの予防接種の有無（有 =1，無 =2）としたとき，$\mathbf{y}_{\mathrm{obs}}$ は Y_1 と Y_2 の両方を回答した者から得られる分割表のセル度数である．一方，$\mathbf{y}_{\mathrm{mis1}}$ は Y_1 の性別のみの回答者（Y_2 のインフルエンザの予防接種の有無は未回答）から得られる分割表のセル度数である．$\mathbf{y}_{\mathrm{mis2}}$ は $\mathbf{y}_{\mathrm{mis1}}$ の逆である．また，

$$\sum_{i=1,2} \sum_{j=1,2} y_{ij} + \sum_{i=1,2} r_i + \sum_{j=1,2} c_j = 100$$

である．

この欠測のある分割表に対し，パラメータ $\boldsymbol{\theta} = [\theta_{11}, \theta_{12}, \theta_{21}, \theta_{22}]^\top$ をも

つ多項分布モデルを考える．このとき，$\mathbf{y}_{\text{obs}}$ は多項分布 $\text{Mu}(y_{++}, \boldsymbol{\theta})$ に従い，$\mathbf{y}_{\text{mis1}}$ と $\mathbf{y}_{\text{mis2}}$ はそれぞれ 2 項分布 $\text{Bi}(r_+, \theta_{1+})$，$\text{Bi}(c_+, \theta_{+1})$ に従う．ここで，$y_{++} = \sum_{i=1,2}\sum_{j=1,2} y_{ij}$，$r_+ = \sum_{i=1,2} r_i$，$c_+ = \sum_{j=1,2} c_j$ であり，$\theta_{i+} = \theta_{i1} + \theta_{i2}$，$\theta_{+j} = \theta_{1j} + \theta_{2j}$ である．これより，同時確率関数は

$$
\begin{aligned}
f(\mathbf{y}_{\text{obs}}, \mathbf{y}_{\text{mis1}}, \mathbf{y}_{\text{mis2}} | \boldsymbol{\theta}) &= \frac{y_{++}!}{\prod_{i=1,2}\prod_{j=1,2} y_{ij}!} \prod_{i=1,2}\prod_{j=1,2} \theta_{ij}^{y_{ij}} \\
&\quad \times \left\{ \frac{r_+!}{\prod_{i=1,2} r_i!} \prod_{i=1,2} \theta_{i+}^{r_i} \right\} \left\{ \frac{c_+!}{\prod_{j=1,2} c_j!} \prod_{j=1,2} \theta_{+j}^{c_j} \right\}
\end{aligned}
$$

である．また，$[y_{11}, y_{12}, y_{21}, y_{22}, r_1, r_2, c_1, c_2]$ に対応する

$$
\begin{array}{cccccccccc}
 & & y_{11} & y_{12} & y_{21} & y_{22} & r_1 & r_2 & c_1 & c_2 \\
\mathbf{O} = & [& \mathbf{O}_1 & \mathbf{O}_2 & \mathbf{O}_3 & \mathbf{O}_4 & \mathbf{O}_5 & \mathbf{O}_6 & \mathbf{O}_7 & \mathbf{O}_8 &]
\end{array}
$$

を考える．ここで，$\mathbf{O}_j = [O_{1j}, O_{2j}]^\top$ において

$$
O_{1j} = \begin{cases} 1, & Y_1 \text{ は観測} \\ 0, & Y_1 \text{ は欠測} \end{cases}, \qquad O_{2j} = \begin{cases} 1, & Y_2 \text{ は観測} \\ 0, & Y_2 \text{ は欠測} \end{cases}
$$

とすると，

$$
\mathbf{O} = \begin{bmatrix} 1 & 1 & 1 & 1 & 1 & 1 & 0 & 0 \\ 1 & 1 & 1 & 1 & 0 & 0 & 1 & 1 \end{bmatrix}
$$

となる．次に，$\mathbf{O}_j$ $(j = 1, \ldots, 8)$ の従う確率分布を考える．$\mathbf{y}_{\text{obs}}$，$\mathbf{y}_{\text{mis1}}$，$\mathbf{y}_{\text{mis2}}$ の発生確率を

$$
\begin{aligned}
&\Pr(\mathbf{O}_j = [1,1]^\top \mid \mathbf{y}_{\text{obs}}, \mathbf{y}_{\text{mis1}}, \mathbf{y}_{\text{mis2}}, \boldsymbol{\theta}) = \psi_0 \ \ (j = 1, \ldots, 4), \\
&\Pr(\mathbf{O}_j = [1,0]^\top \mid \mathbf{y}_{\text{obs}}, \mathbf{y}_{\text{mis1}}, \mathbf{y}_{\text{mis2}}, \boldsymbol{\theta}) = \psi_1 \ \ (j = 5, 6), \\
&\Pr(\mathbf{O}_j = [0,1]^\top \mid \mathbf{y}_{\text{obs}}, \mathbf{y}_{\text{mis1}}, \mathbf{y}_{\text{mis2}}, \boldsymbol{\theta}) = \psi_2 \ \ (j = 7, 8)
\end{aligned}
$$

とし，$\boldsymbol{\psi} = [\psi_0, \psi_1, \psi_2]^\top$ と書くことにする．このとき，$\mathbf{O}$ は多項分布

$\mathrm{Mu}(y_{++}+r_{+}+c_{+},\boldsymbol{\psi})$ に従い，確率関数は

$$f(\mathbf{o}|\mathbf{y}_{\mathrm{obs}},\mathbf{y}_{\mathrm{mis1}},\mathbf{y}_{\mathrm{mis2}},\boldsymbol{\psi},\boldsymbol{\theta})=\frac{(y_{++}+r_{+}+c_{+})!}{y_{++}!r_{+}!c_{+}!}\psi_0^{y_{++}}\psi_1^{r_{+}}\psi_2^{c_{+}}$$

で与えられる．これより，$\mathbf{y}_{\mathrm{obs}}$，$\mathbf{y}_{\mathrm{mis1}}$，$\mathbf{y}_{\mathrm{mis2}}$ と $\mathbf{o}$ の同時確率関数は

$$\begin{aligned}
&f(\mathbf{y}_{\mathrm{obs}},\mathbf{y}_{\mathrm{mis1}},\mathbf{y}_{\mathrm{mis2}},\mathbf{o}|\boldsymbol{\theta},\boldsymbol{\psi})\\
&\quad=f(\mathbf{y}_{\mathrm{obs}},\mathbf{y}_{\mathrm{mis1}},\mathbf{y}_{\mathrm{mis2}}|\boldsymbol{\theta})f(\mathbf{o}|\mathbf{y}_{\mathrm{obs}},\mathbf{y}_{\mathrm{mis1}},\mathbf{y}_{\mathrm{mis2}},\boldsymbol{\psi},\boldsymbol{\theta})\\
&\quad\propto\left\{\prod_{i=1,2}\prod_{j=1,2}\theta_{ij}^{y_{ij}}\prod_{i=1,2}\theta_{i+}^{r_i}\prod_{j=1,2}\theta_{+j}^{c_j}\right\}\times\psi_0^{y_{++}}\psi_1^{r_{+}}\psi_2^{c_{+}}
\end{aligned}$$

であり，MAR の仮定のもとでは

$$f(\mathbf{o}|\mathbf{y}_{\mathrm{obs}},\mathbf{y}_{\mathrm{mis1}},\mathbf{y}_{\mathrm{mis2}},\boldsymbol{\psi},\boldsymbol{\theta})=f(\mathbf{o}|\mathbf{y}_{\mathrm{obs}},\mathbf{y}_{\mathrm{mis1}},\mathbf{y}_{\mathrm{mis2}},\boldsymbol{\psi})$$

となるので，

$$\begin{aligned}
&f(\mathbf{y}_{\mathrm{obs}},\mathbf{y}_{\mathrm{mis1}},\mathbf{y}_{\mathrm{mis2}},\mathbf{o}|\boldsymbol{\theta},\boldsymbol{\psi})\\
&\qquad=f(\mathbf{y}_{\mathrm{obs}},\mathbf{y}_{\mathrm{mis1}},\mathbf{y}_{\mathrm{mis2}}|\boldsymbol{\theta})f(\mathbf{o}|\mathbf{y}_{\mathrm{obs}},\mathbf{y}_{\mathrm{mis1}},\mathbf{y}_{\mathrm{mis2}},\boldsymbol{\psi})
\end{aligned}$$

である．これより，対数尤度関数は

$$\begin{aligned}
\ell(\boldsymbol{\theta})&=\ln f(\mathbf{y}_{\mathrm{obs}},\mathbf{y}_{\mathrm{mis1}},\mathbf{y}_{\mathrm{mis2}}|\boldsymbol{\theta})\\
&\propto\sum_{i=1,2}\sum_{j=1,2}y_{ij}\ln\theta_{ij}+\sum_{i=1,2}r_i\ln\theta_{i+}+\sum_{j=1,2}c_j\ln\theta_{+j}
\end{aligned}$$

で与えられ，$\boldsymbol{\theta}$ の最尤推定値は尤度方程式を解くことで求められる．しかし，この方程式を直接解くことは困難であり，反復法による数値解法が必要になる．

すでに示したように，観測データに欠測が含まれないとき，$\boldsymbol{\theta}^*$ を求めることは容易である．したがって，

$$\sum_{j=1,2}\tilde{r}_{ij}=r_i\ \ (i=1,2),\qquad\sum_{i=1,2}\tilde{c}_{ij}=c_j\ \ (j=1,2)$$

を制約条件とする $\mathbf{y}_{\mathrm{mis1}}$ と $\mathbf{y}_{\mathrm{mis2}}$ の欠測部分を埋めた完全データ

表 1.3 観測データ $\mathbf{y} = [\mathbf{y}_{\text{obs}}, \mathbf{y}_{\text{mis1}}, \mathbf{y}_{\text{mis2}}]$

$\mathbf{y}_{\text{obs}}$			$\mathbf{y}_{\text{mis1}}$			$\mathbf{y}_{\text{mis2}}$		
$\mathbf{y}_1$	$\cdots$	$\mathbf{y}_{n_0}$	$\mathbf{y}_{n_0+1}$	$\cdots$	$\mathbf{y}_{n_0+n_1}$	$\mathbf{y}_{n_0+n_1+1}$	$\cdots$	$\mathbf{y}_n$
y_{11}	$\cdots$	$y_{n_0 1}$	$y_{n_0+1,1}$	$\cdots$	$y_{n_0+n_1,1}$	$*$	$\cdots$	$*$
y_{21}	$\cdots$	$y_{n_0 2}$	$*$	$\cdots$	$*$	$y_{n_0+n_1+1,2}$	$\cdots$	$y_{n,2}$

$$\tilde{\mathbf{y}}_{\text{mis1}} = [\tilde{r}_{11}, \tilde{r}_{12}, \tilde{r}_{21}, \tilde{r}_{22}]^\top$$
$$\tilde{\mathbf{y}}_{\text{mis2}} = [\tilde{c}_{11}, \tilde{c}_{12}, \tilde{c}_{21}, \tilde{c}_{22}]^\top$$

の推定と，$\mathbf{x} = \mathbf{y}_{\text{obs}} + \tilde{\mathbf{y}}_{\text{mis1}} + \tilde{\mathbf{y}}_{\text{mis2}}$ が与えられたもとでの対数尤度関数

$$\ell(\boldsymbol{\theta}) = \sum_{i=1,2}\sum_{j=1,2} x_{ij} \ln\theta_{ij} = \sum_{i=1,2}\sum_{j=1,2}(y_{ij} + \tilde{r}_{ij} + \tilde{c}_{ij}) \ln\theta_{ij}$$

の最大化を交互に繰り返すことにより，尤度方程式の解 $\boldsymbol{\theta}^*$ を求めることができる．

● 2変量正規分布モデル

2変量確率ベクトル $\mathbf{Y} = [Y_1, Y_2]^\top$ が正規分布 $N(\boldsymbol{\mu}, \boldsymbol{\Sigma})$ に従うとする．いま，$\mathbf{y}_{\text{obs}} = [\mathbf{y}_1, \ldots, \mathbf{y}_{n_0}]$，$\mathbf{y}_{\text{mis1}} = [\mathbf{y}_{n_0+1}, \ldots, \mathbf{y}_{n_0+n_1}]$，$\mathbf{y}_{\text{mis2}} = [\mathbf{y}_{n_0+n_1+1}, \ldots, \mathbf{y}_n]$ が観測データとして得られたとする．これを $\mathbf{y} = [\mathbf{y}_{\text{obs}}, \mathbf{y}_{\text{mis1}}, \mathbf{y}_{\text{mis2}}]$ と書くことにする．ただし，$\mathbf{y}_{\text{mis1}}$ は y_{i2} が欠測しているデータ $\mathbf{y}_i = [y_{i1}, *]^\top$ であり，$\mathbf{y}_{\text{mis2}}$ は y_{i1} が欠測しているデータ $\mathbf{y}_i = [*, y_{i2}]^\top$ である．また，$*$ は欠測を表す．

したがって，$\mathbf{y}$ は表 1.3 のようになり，これに対応する $\mathbf{O}$ は

$$\mathbf{O} = \overset{\qquad\mathbf{y}_{\text{obs}}\qquad\qquad\mathbf{y}_{\text{mis1}}\qquad\qquad\mathbf{y}_{\text{mis2}}}{\begin{bmatrix} 1 & \cdots & 1 & 1 & \cdots & 1 & 0 & \cdots & 0 \\ 1 & \cdots & 1 & 0 & \cdots & 0 & 1 & \cdots & 1 \end{bmatrix}}$$

であり，多項分布モデルと同様に多項分布に従う．ここで，$\boldsymbol{\theta} = [\boldsymbol{\mu}, \boldsymbol{\Sigma}]^\top$ とし，$\mathbf{y}_{\text{mis1}}$ と $\mathbf{y}_{\text{mis2}}$ の欠測が MAR であるとする．このとき，対数尤度関数

$$\begin{aligned}\ell(\boldsymbol{\theta}) &= \ln f(\mathbf{y}|\boldsymbol{\theta}) \\ &\propto -\frac{n_0}{2}\ln|\boldsymbol{\Sigma}| - \frac{1}{2}\sum_{i=1}^{n_0}(\mathbf{y}_i - \boldsymbol{\mu})^\top \boldsymbol{\Sigma}^{-1}(\mathbf{y}_i - \boldsymbol{\mu}) \\ &\qquad -\frac{n_1}{2}\ln\sigma_{11} - \frac{1}{2\sigma_{11}}\sum_{i=n_0+1}^{n_0+n_1}(y_{i1} - \mu_1)^2 \\ &\qquad -\frac{n_2}{2}\ln\sigma_{22} - \frac{1}{2\sigma_{22}}\sum_{i=n_0+n_1+1}^{n}(y_{i2} - \mu_2)^2 \end{aligned} \tag{1.19}$$

の最大化を考えることで最尤推定値 $\boldsymbol{\theta}^*$ を求める．実際には，対数尤度関数 (1.19) の尤度方程式を解くことになるが，これは観測データ（欠測部分を除いたデータ）からの方程式である．$\mathbf{y}$ から $\boldsymbol{\Sigma}$ の要素ごとでの推定を考えたとき，σ_{11} は $\mathbf{y}_{\text{obs}}$ と $\mathbf{y}_{\text{mis1}}$，σ_{22} は $\mathbf{y}_{\text{obs}}$ と $\mathbf{y}_{\text{mis2}}$，そして，σ_{12} は $\mathbf{y}_{\text{obs}}$ のみとなり，パラメータごとで推定に用いるデータが異なる．Haitovsky (1968) は重回帰分析におけるシミュレーション実験により，$\boldsymbol{\mu}$ の推定に偏りをもたらす可能性があること，また $\boldsymbol{\Sigma}$ の推定値に正定値性が保証されないことを示した．これより，欠測部分をある値で埋めた疑似完全データ (augmented complete data) を生成し，すべてのデータを利用したパラメータ推定をおこなうことが有効であると考えられる．

いま，欠測 $*$ にある値 z_{ij} を代入した $\mathbf{y}_{\text{mis1}}$ と $\mathbf{y}_{\text{mis2}}$ の疑似完全データを

$$\tilde{\mathbf{y}}_{\text{mis1}} = [\tilde{\mathbf{y}}_{n_0+1}, \ldots, \tilde{\mathbf{y}}_{n_0+n_1}], \quad \tilde{\mathbf{y}}_{\text{mis2}} = [\tilde{\mathbf{y}}_{n_0+n_1+1}, \ldots, \tilde{\mathbf{y}}_n]$$

で表すことにする．ここで，

$$\tilde{\mathbf{y}}_i = \begin{cases} [y_{i1}, z_{i2}]^\top & (i = n_0+1, \ldots, n_0+n_1), \\ [z_{i1}, y_{i2}]^\top & (i = n_0+n_1+1, \ldots, n) \end{cases}$$

である．このとき，z_{ij} に対応する確率変数を Z_{ij} で表すと，y_{i1} が与えられたもとでの Z_{i2} の確率密度関数は

$$f(z_{i2}|y_{i1}, \boldsymbol{\theta}) = \frac{1}{\sqrt{2\pi\tau_{22}}}\exp\left[-\frac{1}{2\tau_{22}}(z_{i2} - \beta_{02} - \beta_{12}y_{i1})^2\right]$$

であり，y_{i2} が与えられたもとでの Z_{i1} の確率密度関数は

$$f(z_{i1}|y_{i2}, \boldsymbol{\theta}) = \frac{1}{\sqrt{2\pi\tau_{11}}} \exp\left[-\frac{1}{2\tau_{11}}(z_{i1} - \beta_{01} - \beta_{11}y_{i2})^2\right]$$

である．ここで，

$$\beta_{01} = \mu_1 - \frac{\sigma_{12}}{\sigma_{22}}\mu_2, \quad \beta_{11} = \frac{\sigma_{12}}{\sigma_{22}}, \quad \tau_{11} = \sigma_{11} - \frac{\sigma_{12}^2}{\sigma_{22}},$$
$$\beta_{02} = \mu_2 - \frac{\sigma_{12}}{\sigma_{11}}\mu_1, \quad \beta_{12} = \frac{\sigma_{12}}{\sigma_{11}}, \quad \tau_{22} = \sigma_{22} - \frac{\sigma_{12}^2}{\sigma_{11}}$$

である．したがって，z_{i1} と z_{i2} の予測値

$$\hat{z}_{i1} = \mathrm{E}\left[Z_{i1}\middle|y_{i2}, \boldsymbol{\theta}\right] = \beta_{01} + \beta_{11}y_{i2},$$
$$\hat{z}_{i2} = \mathrm{E}\left[Z_{i2}\middle|y_{i1}, \boldsymbol{\theta}\right] = \beta_{02} + \beta_{12}y_{i1}$$

を欠測部分 $*$ に代入することで，$\mathbf{x} = [\mathbf{y}_{\mathrm{obs}}, \tilde{\mathbf{y}}_{\mathrm{mis1}}, \tilde{\mathbf{y}}_{\mathrm{mis2}}]$ を得ることができる．しかし，$\boldsymbol{\theta}$ は未知であるため $\mathbf{x}$ を求めることができない．そこで，$\mathbf{x}$ が与えられたもとでの $\boldsymbol{\theta}$ の推定と，$\boldsymbol{\theta}$ が与えられたもとでの $\mathbf{x}$ の推定を交互に繰り返しながら対数尤度関数 (1.19) を最大化する $\boldsymbol{\theta}^*$ を見つける必要がある．

第2章

EMアルゴリズム

2.1 EMアルゴリズムの定式化

観測データ $\mathbf{x}$ に欠測部分があり，その発生メカニズムにMARを仮定する．$\mathbf{x}$ の観測部分を $\mathbf{y}$，欠測部分を $\mathbf{z}$ で表すとき，$\mathbf{z}$ に何らかの値を代入することで $\mathbf{x} = [\mathbf{y}, \mathbf{z}]^\top$ は完全データになる．また，$\mathbf{x}$，$\mathbf{y}$，$\mathbf{z}$ に対応する確率変数 $\mathbf{X}$，$\mathbf{Y}$，$\mathbf{Z}$ の標本空間をそれぞれ $\Omega_\mathbf{X}$，$\Omega_\mathbf{Y}$，$\Omega_\mathbf{Z}$ と書く．Dempster et al. (1977) では，$\mathbf{x} \in \Omega_\mathbf{X}$ は直接観測されず $\mathbf{y} \in \Omega_\mathbf{Y}$ の観測を通して間接的に得られるとし，$\Omega_\mathbf{X}$ から $\Omega_\mathbf{Y}$ への多対1写像として $\mathbf{x}$ と $\mathbf{y}$ の関係を定義している．

$\mathbf{X}$ と $\mathbf{Y}$ の従う確率分布の密度関数をそれぞれ $f(\mathbf{x}|\boldsymbol{\theta})$，$f(\mathbf{y}|\boldsymbol{\theta})$ とする．このとき，

$$f(\mathbf{y}|\boldsymbol{\theta}) = \int_{\Omega_\mathbf{Z}} f(\mathbf{x}|\boldsymbol{\theta}) d\mathbf{z} = \int_{\Omega_\mathbf{Z}} f(\mathbf{y}, \mathbf{z}|\boldsymbol{\theta}) d\mathbf{z}$$

となる．ここで，$\boldsymbol{\theta} = [\theta_1, \ldots, \theta_p]^\top \in \Omega_{\boldsymbol{\theta}} (\subset \mathbb{R}^p)$ は未知ベクトルである．また，$\mathbf{x}$ に対する対数尤度関数を

$$\ell_c(\boldsymbol{\theta}) = \ln f(\mathbf{x}|\boldsymbol{\theta}) \tag{2.1}$$

とし，$\mathbf{y}$ に対する対数尤度関数を

$$\ell_o(\boldsymbol{\theta}) = \ln f(\mathbf{y}|\boldsymbol{\theta}) \tag{2.2}$$

と書くことにする．

パラメータ $\boldsymbol{\theta}$ の最尤推定を考えるとき，尤度方程式

$$D\ell_o(\boldsymbol{\theta}) = \mathbf{0} \tag{2.3}$$

を解くことで，その解である最尤推定値 $\boldsymbol{\theta}^*$ を求める．しかし，$\mathbf{y}$ は欠測のある観測データであり，これに対する $\ell_o(\boldsymbol{\theta})$ は複雑な関数形で与えられることが多い．その場合，尤度方程式 (2.3) を直接解くことは困難である．一方，$\ell_c(\boldsymbol{\theta})$ の尤度方程式を解くことは比較的容易であることが多い．

Expectation-Maximization (EM) アルゴリズムは，$\mathbf{x}$ に対する尤度方程式

$$D\ell_c(\boldsymbol{\theta}) = \mathbf{0}$$

を解くことにより，間接的に

$$D\ell_o(\boldsymbol{\theta}) = \mathbf{0}$$

を解く反復法である．このとき，$\mathbf{x}$ は観測されていない $\mathbf{z}$ を含むため，これの推定値を $\ell_c(\boldsymbol{\theta}')$ の条件付き期待値

$$Q(\boldsymbol{\theta}'|\boldsymbol{\theta}) = \mathrm{E}\left[\ell_c(\boldsymbol{\theta}')\middle|\mathbf{y}, \boldsymbol{\theta}\right] = \int_{\Omega_{\mathbf{z}}} \ell_c(\boldsymbol{\theta}') f(\mathbf{z}|\mathbf{y}, \boldsymbol{\theta}) d\mathbf{z} \tag{2.4}$$

により求めることを考える．式 (2.4) を **Q 関数**と呼ぶ．ここで，$f(\mathbf{z}|\mathbf{y}, \boldsymbol{\theta})$ は $\mathbf{z}$ の従う予測分布の密度関数であり，

$$f(\mathbf{z}|\mathbf{y}, \boldsymbol{\theta}) = \frac{f(\mathbf{x}|\boldsymbol{\theta})}{f(\mathbf{y}|\boldsymbol{\theta})} = \frac{f(\mathbf{y}, \mathbf{z}|\boldsymbol{\theta})}{f(\mathbf{y}|\boldsymbol{\theta})} \tag{2.5}$$

で与えられる．

EM アルゴリズムは Expectation-step (E-step) と Maximization-step (M-step) の 2 つから構成される．E-step は $\mathbf{x}$ に対する対数尤度関数 $\ell_c(\boldsymbol{\theta})$ の条件付き期待値である Q 関数 (2.4) を計算し，M-step は E-step で求めた Q 関数を $\boldsymbol{\theta}$ に関して最大化する．

EM アルゴリズムの第 t 回目の反復で得られる $\boldsymbol{\theta}$ の推定値を $\boldsymbol{\theta}^{(t)}$ で表す．初期値$\boldsymbol{\theta}^{(0)}$が与えられたとき，次の E-step と M-step を繰り返す：

E-step: $\mathbf{y}$ と $\boldsymbol{\theta}^{(t)}$ が与えられたもとで，$Q(\boldsymbol{\theta}|\boldsymbol{\theta}^{(t)})$ を計算する．

M-step: 任意の $\boldsymbol{\theta} \in \Omega_{\boldsymbol{\theta}}$ に対し，$Q(\boldsymbol{\theta}^{(t+1)}|\boldsymbol{\theta}^{(t)}) \geq Q(\boldsymbol{\theta}|\boldsymbol{\theta}^{(t)})$ となるような $\boldsymbol{\theta}^{(t+1)}$ を求める：

$$\boldsymbol{\theta}^{(t+1)} = \arg\max_{\boldsymbol{\theta} \in \Omega_{\boldsymbol{\theta}}} Q(\boldsymbol{\theta}|\boldsymbol{\theta}^{(t)}) \tag{2.6}$$

EM アルゴリズムの反復で生成される $\{\boldsymbol{\theta}^{(t)}\}_{t \geq 0}$ の極限値が最尤推定値になる．実際の反復法では，指定した収束条件を満足するまで計算を繰り返すことでこの値を得る．このときの条件式として，

$$\ell_o(\boldsymbol{\theta}^{(t+1)}) - \ell_o(\boldsymbol{\theta}^{(t)}) \leq \delta, \quad \text{または} \quad \|\boldsymbol{\theta}^{(t+1)} - \boldsymbol{\theta}^{(t)}\| \leq \delta$$

などが用いられる．ここで，$\|\cdot\|$ は任意のベクトルノルムである．本書では，

$$\|\boldsymbol{\theta}\| = \sqrt{\boldsymbol{\theta}^\top \boldsymbol{\theta}}$$

で定義されるユークリッドノルムをベクトルノルムとして用いる．また，$\delta > 0$ はあらかじめ定めておく．

次に，EM アルゴリズムの具体的な計算を示す．

●多項分布モデル

表 1.2 の分割表に対し，パラメータ $\boldsymbol{\theta} = [\theta_{11}, \theta_{12}, \theta_{21}, \theta_{22}]^\top$ をもつ多項分布モデルを考える．ここでも，$\mathbf{y}_{\text{obs}} = [y_{11}, y_{12}, y_{21}, y_{22}]^\top$ は多項分布 $\text{Mu}(y_{++}, \boldsymbol{\theta})$，また，$\mathbf{y}_{\text{mis1}} = [r_1, r_2]^\top$ と $\mathbf{y}_{\text{mis2}} = [c_1, c_2]^\top$ は 2 項分布 $\text{Bi}(r_+, \theta_{1+})$，$\text{Bi}(c_+, \theta_{+1})$ にそれぞれ従うとする．

いま，$\mathbf{y}_{\text{mis1}}$ と $\mathbf{y}_{\text{mis2}}$ の完全データを

$$\tilde{\mathbf{y}}_{\text{mis1}} = [\tilde{r}_{11}, \tilde{r}_{12}, \tilde{r}_{21}, \tilde{r}_{22}]^\top, \quad \tilde{\mathbf{y}}_{\text{mis2}} = [\tilde{c}_{11}, \tilde{c}_{12}, \tilde{c}_{21}, \tilde{c}_{22}]^\top$$

で表すとき，$\tilde{\mathbf{y}}_{\text{mis1}}$ と $\tilde{\mathbf{y}}_{\text{mis2}}$ の予測分布は積 2 項分布に従い，その確率関数は

$$f(\tilde{\mathbf{y}}_{\text{mis1}}|\mathbf{y}_{\text{mis1}}, \boldsymbol{\theta}) = \left\{ \frac{r_1!}{\tilde{r}_{11}!\tilde{r}_{12}!} \left(\frac{\theta_{11}}{\theta_{1+}}\right)^{\tilde{r}_{11}} \left(\frac{\theta_{12}}{\theta_{1+}}\right)^{\tilde{r}_{12}} \right\} \times \left\{ \frac{r_2!}{\tilde{r}_{21}!\tilde{r}_{22}!} \left(\frac{\theta_{21}}{\theta_{2+}}\right)^{\tilde{r}_{21}} \left(\frac{\theta_{22}}{\theta_{2+}}\right)^{\tilde{r}_{22}} \right\}, \tag{2.7}$$

$$f(\tilde{\mathbf{y}}_{\text{mis2}}|\mathbf{y}_{\text{mis2}}, \boldsymbol{\theta}) = \left\{ \frac{c_1!}{\tilde{c}_{11}!\tilde{c}_{21}!} \left(\frac{\theta_{11}}{\theta_{+1}}\right)^{\tilde{c}_{11}} \left(\frac{\theta_{21}}{\theta_{+1}}\right)^{\tilde{c}_{21}} \right\} \times \left\{ \frac{c_2!}{\tilde{c}_{12}!\tilde{c}_{22}!} \left(\frac{\theta_{12}}{\theta_{+2}}\right)^{\tilde{c}_{12}} \left(\frac{\theta_{22}}{\theta_{2+}}\right)^{\tilde{c}_{22}} \right\} \tag{2.8}$$

で与えられる．また，$\mathbf{x} = \mathbf{y}_{\text{obs}} + \tilde{\mathbf{y}}_{\text{mis1}} + \tilde{\mathbf{y}}_{\text{mis2}}$ は多項分布 $\text{Mu}(x_{++}, \boldsymbol{\theta})$ に従い，対数尤度関数は

$$\ell_c(\boldsymbol{\theta}) \propto \sum_{i=1,2} \sum_{j=1,2} x_{ij} \ln \theta_{ij} = \sum_{i=1,2} \sum_{j=1,2} (y_{ij} + \tilde{r}_{ij} + \tilde{c}_{ij}) \ln \theta_{ij}$$

である．

この多項分布モデルにおける Q 関数を計算する．$\tilde{\mathbf{y}}_{\text{mis1}}$ と $\tilde{\mathbf{y}}_{\text{mis2}}$ の同時予測分布の確率関数は

$$f(\tilde{\mathbf{y}}_{\text{mis1}}, \tilde{\mathbf{y}}_{\text{mis2}}|\mathbf{y}_{\text{mis1}}, \mathbf{y}_{\text{mis2}}, \boldsymbol{\theta}) = f(\tilde{\mathbf{y}}_{\text{mis1}}|\mathbf{y}_{\text{mis1}}, \boldsymbol{\theta}) f(\tilde{\mathbf{y}}_{\text{mis2}}|\mathbf{y}_{\text{mis2}}, \boldsymbol{\theta})$$

であり，Q 関数は

$$\begin{aligned} Q(\boldsymbol{\theta}'|\boldsymbol{\theta}) &= \text{E}[\ell_c(\boldsymbol{\theta}')|\mathbf{y}_{\text{obs}}, \mathbf{y}_{\text{mis1}}, \mathbf{y}_{\text{mis2}}, \boldsymbol{\theta}] \\ &= \text{E}\left[\sum_{i=1,2} \sum_{j=1,2} X_{ij} \ln \theta'_{ij} \middle| \mathbf{y}_{\text{obs}}, \mathbf{y}_{\text{mis1}}, \mathbf{y}_{\text{mis2}}, \boldsymbol{\theta} \right] \end{aligned}$$

となる．ここで，

$$\text{E}\left[X_{ij} \middle| \mathbf{y}_{\text{obs}}, \mathbf{y}_{\text{mis1}}, \mathbf{y}_{\text{mis2}}, \boldsymbol{\theta} \right] = y_{ij} + r_i \frac{\theta_{ij}}{\theta_{i+}} + c_j \frac{\theta_{ij}}{\theta_{+j}} \tag{2.9}$$

より，

$$Q(\boldsymbol{\theta}'|\boldsymbol{\theta}) = \sum_{i=1,2} \sum_{j=1,2} \left(y_{ij} + r_i \frac{\theta_{ij}}{\theta_{i+}} + c_j \frac{\theta_{ij}}{\theta_{+j}} \right) \ln \theta'_{ij}$$

となる．この Q 関数を最大化する $\boldsymbol{\theta}'$ を

$$\frac{\partial Q(\boldsymbol{\theta}'|\boldsymbol{\theta})}{\partial \boldsymbol{\theta}'} = \mathbf{0}$$

から求めるとき，

$$\theta'_{ij} = \frac{1}{x_{++}}\left(y_{ij} + r_i\frac{\theta_{ij}}{\theta_{i+}} + c_j\frac{\theta_{ij}}{\theta_{+j}}\right) \ (i, j = 1, 2) \tag{2.10}$$

を得る（この導出は式 (1.5) と同様である）．これより，$\tilde{\mathbf{y}}_{\text{mis1}}$ と $\tilde{\mathbf{y}}_{\text{mis2}}$ を条件付き期待値から計算する式 (2.9) が E-step，$\boldsymbol{\theta}'$ を求める式 (2.10) が M-step に対応する．

初期値 $\boldsymbol{\theta}^{(0)}$ が与えられたとき，次の E-step と M-step を繰り返す：

E-step:　$\mathbf{y}_{\text{obs}}$，$\mathbf{y}_{\text{mis1}}$，$\mathbf{y}_{\text{mis2}}$ と $\boldsymbol{\theta}^{(t)}$ が与えられたとき，

$$x_{ij}^{(t+1)} = y_{ij} + r_i\frac{\theta_{ij}^{(t)}}{\theta_{i+}^{(t)}} + c_j\frac{\theta_{ij}^{(t)}}{\theta_{+j}^{(t)}}$$

により，$\mathbf{x}^{(t+1)} = \left[x_{11}^{(t+1)}, x_{12}^{(t+1)}, x_{21}^{(t+1)}, x_{22}^{(t+1)}\right]^\top$ を求める．

M-step:　$\mathbf{x}^{(t+1)}$ が与えられたとき，

$$\begin{aligned}\boldsymbol{\theta}^{(t+1)} &= \left[\theta_{11}^{(t+1)}, \theta_{12}^{(t+1)}, \theta_{21}^{(t+1)}, \theta_{22}^{(t+1)}\right]^\top \\ &= \left[\frac{x_{11}^{(t+1)}}{x_{++}}, \frac{x_{12}^{(t+1)}}{x_{++}}, \frac{x_{21}^{(t+1)}}{x_{++}}, \frac{x_{22}^{(t+1)}}{x_{++}}\right]^\top\end{aligned}$$

を求める．

上記の E-step と M-step を指定した収束条件を満たすまで繰り返すことで，最尤推定値 $\boldsymbol{\theta}^*$ を得ることができる．

【例 2.1】（多項分布モデル）　表 2.1 の分割表にまとめられた観測データ $\mathbf{y}_{\text{obs}}$，$\mathbf{y}_{\text{mis1}}$，$\mathbf{y}_{\text{mis2}}$ が与えられたとする．このデータに対し，EM アルゴリズムを適用する．ここで，初期値は $\theta_{11}^{(0)} = \theta_{21}^{(0)} = \theta_{12}^{(0)} = \theta_{22}^{(0)} = 0.25$ とし，アルゴリズムの収束判定を

表 2.1　観測データ

(a)$\mathbf{y}_{\mathrm{obs}} = [y_{11}, y_{12}, y_{21}, y_{22}]^\top$

	$Y_2 = 1$	$Y_2 = 2$
$Y_1 = 1$	40	15
$Y_1 = 2$	20	25

(b)$\mathbf{y}_{\mathrm{mis1}} = [r_1, r_2]^\top$

	$Y_2 =$ 欠測
$Y_1 = 1$	80
$Y_1 = 2$	120

(c)$\mathbf{y}_{\mathrm{mis2}} = [c_1, c_2]^\top$

	$Y_2 = 1$	$Y_2 = 2$
$Y_1 =$ 欠測	140	60

$$\|\boldsymbol{\theta}^{(t+1)} - \boldsymbol{\theta}^{(t)}\|^2 < \delta = 10^{-8}$$

によりおこなった．計算には統計解析環境 R (R Development Core Team, 2013) を用いた．また，以降のすべての数値例の計算も R 上で実行している．

このとき，EM アルゴリズムは 21 回の反復で収束し，最尤推定値として次の数値を得た：

$$\boldsymbol{\theta}^* = [0.35633, 0.10054, 0.30187, 0.24126]^\top$$

図 2.1 は EM アルゴリズムの反復で生成される $\{\theta_{11}^{(t)}\}_{1 \le t \le 21}$ の $\theta_{11}^* = 0.35633$ への収束までの振る舞いをプロットしたものである．この図より，前半の数回の反復で推定値は大きく改良されるが，後半ではその改良は小さくなり，収束までに多くの反復を要することが確認できる．この他のパラメータについても，$\{\theta_{11}^{(t)}\}_{1 \le t \le 21}$ と同様の振る舞いで各最尤推定値に収束した．

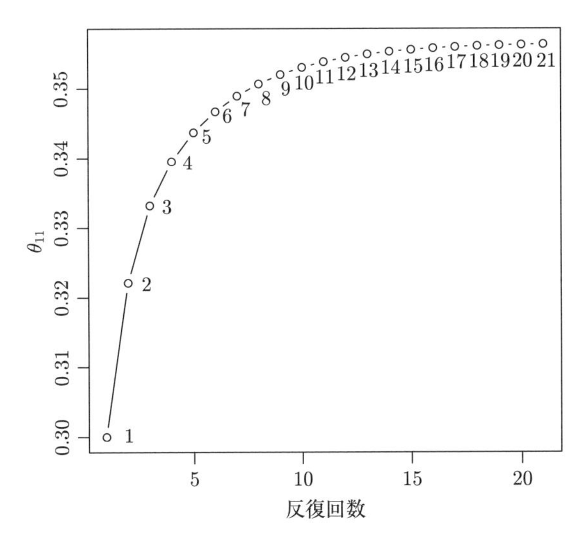

図 2.1 $\{\theta_{11}^{(t)}\}_{1\leq t\leq 21}$ の収束までの振る舞い

● 2 変量正規分布モデル

表 1.3 の観測データ $\mathbf{y}=[\mathbf{y}_{\mathrm{obs}},\mathbf{y}_{\mathrm{mis1}},\mathbf{y}_{\mathrm{mis2}}]$ がパラメータ $\boldsymbol{\theta}=[\boldsymbol{\mu},\boldsymbol{\Sigma}]^\top$ をもつ 2 変量正規分布に従うとする．したがって，$\mathbf{y}_{\mathrm{obs}}=[\mathbf{y}_1,\ldots,\mathbf{y}_{n_0}]$ は完全データ $\mathbf{y}_i=[y_{i1},y_{i2}]^\top$，$\mathbf{y}_{\mathrm{mis1}}=[\mathbf{y}_{n_0+1},\ldots,\mathbf{y}_{n_0+n_1}]$ は欠測データ $\mathbf{y}_i=[y_{i1},*]^\top$，$\mathbf{y}_{\mathrm{mis2}}=[\mathbf{y}_{n_0+n_1+1},\ldots,\mathbf{y}_n]$ は欠測データ $\mathbf{y}_i=[*,y_{i2}]^\top$ である．ここでも，欠測 $*$ にある値 z_{ij} を代入した $\mathbf{y}_{\mathrm{mis1}}$ と $\mathbf{y}_{\mathrm{mis2}}$ の疑似完全データを

$$\tilde{\mathbf{y}}_{\mathrm{mis1}}=[\tilde{\mathbf{y}}_{n_0+1},\ldots,\tilde{\mathbf{y}}_{n_0+n_1}],\quad \tilde{\mathbf{y}}_{\mathrm{mis2}}=[\tilde{\mathbf{y}}_{n_0+n_1+1},\ldots,\tilde{\mathbf{y}}_n]$$

で表し，

$$\tilde{\mathbf{y}}_i=\begin{cases}[y_{i1},z_{i2}]^\top & (i=n_0+1,\ldots,n_0+n_1),\\ [z_{i1},y_{i2}]^\top & (i=n_0+n_1+1,\ldots,n)\end{cases}\tag{2.11}$$

とする．すでに示したように，y_{i2} が与えられたもとでの z_{i1} の従う予測分布の確率密度関数は

$$f(z_{i1}|y_{i2},\boldsymbol{\theta})=\frac{1}{\sqrt{2\pi\tau_{11}}}\exp\left[-\frac{1}{2\tau_{11}}(z_{i1}-\beta_{01}-\beta_{11}y_{i2})^2\right] \tag{2.12}$$

であり，y_{i1} が与えられたもとでの z_{i2} の従う予測分布の確率密度関数は

$$f(z_{i2}|y_{i1},\boldsymbol{\theta})=\frac{1}{\sqrt{2\pi\tau_{22}}}\exp\left[-\frac{1}{2\tau_{22}}(z_{i2}-\beta_{02}-\beta_{12}y_{i1})^2\right] \tag{2.13}$$

である．ここで，

$$\beta_{01}=\mu_1-\frac{\sigma_{12}}{\sigma_{22}}\mu_2,\quad \beta_{11}=\frac{\sigma_{12}}{\sigma_{22}},\quad \tau_{11}=\sigma_{11}-\frac{\sigma_{12}^2}{\sigma_{22}},$$
$$\beta_{02}=\mu_2-\frac{\sigma_{12}}{\sigma_{11}}\mu_1,\quad \beta_{12}=\frac{\sigma_{12}}{\sigma_{11}},\quad \tau_{22}=\sigma_{22}-\frac{\sigma_{12}^2}{\sigma_{11}}$$

である．これより，

$$\mathrm{E}\left[Z_{i1}\middle|y_{i2},\boldsymbol{\theta}\right]=\beta_{01}+\beta_{11}y_{i2}=\hat{z}_{i1}, \tag{2.14}$$
$$\mathrm{E}\left[Z_{i2}\middle|y_{i1},\boldsymbol{\theta}\right]=\beta_{02}+\beta_{12}y_{i1}=\hat{z}_{i2}, \tag{2.15}$$
$$\mathrm{E}\left[Z_{i1}^2\middle|y_{i2},\boldsymbol{\theta}\right]=(\beta_{01}+\beta_{11}y_{i2})^2+\tau_{11}=\hat{z}_{i1}^2, \tag{2.16}$$
$$\mathrm{E}\left[Z_{i2}^2\middle|y_{i1},\boldsymbol{\theta}\right]=(\beta_{02}+\beta_{12}y_{i1})^2+\tau_{22}=\hat{z}_{i2}^2 \tag{2.17}$$

である．疑似完全データ (2.11) に欠測部分の予測値 $\hat{z}_{i2}$ $(i=n_0+1,\ldots,n_0+n_1)$ と $\hat{z}_{i1}$ $(i=n_0+n_1+1,\ldots,n)$ を代入するとき，$\mathbf{x}=[\mathbf{y}_{\mathrm{obs}},\tilde{\mathbf{y}}_{\mathrm{mis1}},\tilde{\mathbf{y}}_{\mathrm{mis2}}]$ の従う確率分布は 2 変量正規分布 $N(\boldsymbol{\mu},\boldsymbol{\Sigma})$ であり，対数尤度関数は

$$\ell_c(\boldsymbol{\theta})\propto-\frac{n}{2}\ln|\boldsymbol{\Sigma}|-\frac{1}{2}\sum_{i=1}^{n}(\mathbf{x}_i-\boldsymbol{\mu})^\top\boldsymbol{\Sigma}^{-1}(\mathbf{x}_i-\boldsymbol{\mu})$$

である．また，式 (2.12) と式 (2.13) より，欠測データ

$$\mathbf{z}_1=[z_{n_0+n_1+1,1},\ldots,z_{n1}],\quad \mathbf{z}_2=[z_{n_0+1,2},\ldots,z_{n_0+n_1,2}]$$

の従う確率分布の同時確率密度関数は

$$f(\mathbf{z}_1,\mathbf{z}_2|\mathbf{y}_{\mathrm{mis1}},\mathbf{y}_{\mathrm{mis2}},\boldsymbol{\theta})=f(\mathbf{z}_1|\mathbf{y}_{\mathrm{mis1}},\boldsymbol{\theta})f(\mathbf{z}_2|\mathbf{y}_{\mathrm{mis2}},\boldsymbol{\theta})$$

であり，Q 関数は

$$
\begin{aligned}
Q(\boldsymbol{\theta}'|\boldsymbol{\theta}) &= \mathrm{E}[\ell_c(\boldsymbol{\theta}')|\mathbf{y}_{\mathrm{obs}}, \mathbf{y}_{\mathrm{mis1}}, \mathbf{y}_{\mathrm{mis2}}, \boldsymbol{\theta}] \\
&= -\frac{n}{2}\ln \boldsymbol{\Sigma}' - \frac{1}{2}\sum_{i=1}^{n_0} \mathrm{E}\left[(\mathbf{Y}_i - \boldsymbol{\mu}')^\top \boldsymbol{\Sigma}'^{-1}(\mathbf{Y}_i - \boldsymbol{\mu}')\middle|\mathbf{y}_{\mathrm{obs}}, \boldsymbol{\theta}\right] \\
&\quad -\frac{1}{2}\sum_{i=n_0+1}^{n_0+n_1} \mathrm{E}\left[(\tilde{\mathbf{Y}}_i - \boldsymbol{\mu}')^\top \boldsymbol{\Sigma}'^{-1}(\tilde{\mathbf{Y}}_i - \boldsymbol{\mu}')\middle|\mathbf{y}_{\mathrm{mis1}}, \boldsymbol{\theta}\right] \\
&\quad -\frac{1}{2}\sum_{i=n_0+n_1+1}^{n} \mathrm{E}\left[(\tilde{\mathbf{Y}}_i - \boldsymbol{\mu}')^\top \boldsymbol{\Sigma}'^{-1}(\tilde{\mathbf{Y}}_i - \boldsymbol{\mu}')\middle|\mathbf{y}_{\mathrm{mis2}}, \boldsymbol{\theta}\right]
\end{aligned}
$$

となる．このとき，

$$
\begin{aligned}
&\mathrm{E}\left[\sum_{i=1}^{n} X_{i1}\middle|\mathbf{y}_{\mathrm{obs}}, \mathbf{y}_{\mathrm{mis1}}, \mathbf{y}_{\mathrm{mis2}}, \boldsymbol{\theta}\right] \\
&\quad = \sum_{i=1}^{n_0+n_1} y_{i1} + \sum_{i=n_0+n_1+1}^{n} \hat{z}_{i1} = \sum_{i=1}^{n} x_{i1}, \qquad (2.18)
\end{aligned}
$$

$$
\begin{aligned}
&\mathrm{E}\left[\sum_{i=1}^{n} X_{i2}\middle|\mathbf{y}_{\mathrm{obs}}, \mathbf{y}_{\mathrm{mis1}}, \mathbf{y}_{\mathrm{mis2}}, \boldsymbol{\theta}\right] \\
&\quad = \sum_{i=1}^{n_0} y_{i2} + \sum_{i=n_0+1}^{n_0+n_1} \hat{z}_{i2} + \sum_{i=n_0+n_1+1}^{n} y_{i2} = \sum_{i=1}^{n} x_{i2}, \qquad (2.19)
\end{aligned}
$$

$$
\begin{aligned}
&\mathrm{E}\left[\sum_{i=1}^{n} X_{i1}^2\middle|\mathbf{y}_{\mathrm{obs}}, \mathbf{y}_{\mathrm{mis1}}, \mathbf{y}_{\mathrm{mis2}}, \boldsymbol{\theta}\right] \\
&\quad = \sum_{i=1}^{n_0+n_1} y_{i1}^2 + \sum_{i=n_0+n_1+1}^{n} \hat{z}_{i1}^2 = \sum_{i=1}^{n} x_{i1}^2, \qquad (2.20)
\end{aligned}
$$

$$
\begin{aligned}
&\mathrm{E}\left[\sum_{i=1}^{n} X_{i2}^2\middle|\mathbf{y}_{\mathrm{obs}}, \mathbf{y}_{\mathrm{mis1}}, \mathbf{y}_{\mathrm{mis2}}, \boldsymbol{\theta}\right] \\
&\quad = \sum_{i=1}^{n_0} y_{i2}^2 + \sum_{i=n_0+1}^{n_0+n_1} \hat{z}_{i2}^2 + \sum_{i=n_0+n_1+1}^{n} y_{i2}^2 = \sum_{i=1}^{n} x_{i2}^2, \qquad (2.21)
\end{aligned}
$$

$$\begin{aligned}
&\mathrm{E}\left[\sum_{i=1}^{n} X_{i1}X_{i2}\middle|\mathbf{y}_{\mathrm{obs}}, \mathbf{y}_{\mathrm{mis1}}, \mathbf{y}_{\mathrm{mis2}}, \boldsymbol{\theta}\right] \\
&= \sum_{i=1}^{n_0} y_{i1}y_{i2} + \sum_{i=n_0+1}^{n_0+n_1} y_{i1}\hat{z}_{i2} + \sum_{i=n_0+n_1+1}^{n} \hat{z}_{i1}y_{i2} \\
&= \sum_{i=1}^{n} x_{i1}x_{i2} \qquad (2.22)
\end{aligned}$$

である．Q 関数を最大化する $\boldsymbol{\theta}'$ は

$$\left\{\begin{array}{l} \dfrac{\partial Q(\boldsymbol{\theta}'|\boldsymbol{\theta})}{\partial \boldsymbol{\mu}'} = \mathbf{0}, \\ \dfrac{\partial Q(\boldsymbol{\theta}'|\boldsymbol{\theta})}{\partial \boldsymbol{\Sigma}'^{-1}} = \mathbf{0}_2 \end{array}\right.$$

から求めることができ，その解は

$$\boldsymbol{\theta}' = [\boldsymbol{\mu}', \boldsymbol{\Sigma}']^\top = \left[\bar{\mathbf{x}},\ \frac{1}{n}\sum_{i=1}^{n} \mathbf{x}_i\mathbf{x}_i^\top - \bar{\mathbf{x}}\bar{\mathbf{x}}^\top\right]^\top \qquad (2.23)$$

である．ここで，

$$\bar{\mathbf{x}} = \frac{1}{n}\sum_{i=1}^{n}\mathbf{x}_i = \begin{bmatrix} \dfrac{1}{n}\displaystyle\sum_{i=1}^{n} x_{i1} \\ \dfrac{1}{n}\displaystyle\sum_{i=1}^{n} x_{i2} \end{bmatrix},$$

$$\sum_{i=1}^{n}\mathbf{x}_i\mathbf{x}_i^\top = \begin{bmatrix} \displaystyle\sum_{i=1}^{n} x_{i1}^2 & \displaystyle\sum_{i=1}^{n} x_{i1}x_{i2} \\ \displaystyle\sum_{i=1}^{n} x_{i1}x_{i2} & \displaystyle\sum_{i=1}^{n} x_{i2}^2 \end{bmatrix}$$

である．これより，欠測部分 $\mathbf{z}_1$ と $\mathbf{z}_2$ を条件付き期待値で計算する式 (2.14) から式 (2.17) が E-step，$\boldsymbol{\theta}'$ を求める式 (2.23) が M-step に対応する．

初期値 $\boldsymbol{\theta}^{(0)}$ が与えられたとき，EM アルゴリズムは次の E-step と M-step を繰り返す：

表 2.2　観測データ $\mathbf{y}$

$\mathbf{y}_{\mathrm{obs}}$							$\mathbf{y}_{\mathrm{mis1}}$			$\mathbf{y}_{\mathrm{mis2}}$	
$\mathbf{y}_1$	$\mathbf{y}_2$	$\mathbf{y}_3$	$\mathbf{y}_4$	$\mathbf{y}_5$	$\mathbf{y}_6$	$\mathbf{y}_7$	$\mathbf{y}_8$	$\mathbf{y}_9$	$\mathbf{y}_{10}$	$\mathbf{y}_{11}$	$\mathbf{y}_{12}$
9	8	8	9	11	11	10	8	11	8	*	*
12	17	16	19	21	28	18	*	*	*	16	21

E-step:　$\mathbf{y}_{\mathrm{mis1}}$，$\mathbf{y}_{\mathrm{mis2}}$ と $\boldsymbol{\theta}^{(t)}$ が与えられたとき，式 (2.14) から式 (2.17) により，

$$\hat{z}_{i1}^{(t+1)},\ \hat{z}_{i1}^{2(t+1)}\ (i = n_0 + n_1 + 1, \ldots, n),$$
$$\hat{z}_{i2}^{(t+1)},\ \hat{z}_{i2}^{2(t+1)}\ (i = n_0 + 1, \ldots, n_0 + n_1)$$

を計算する．

M-step:　式 (2.18) から式 (2.22) により，

$$\sum_{i=1}^{n} \mathbf{x}_i^{(t+1)}, \quad \sum_{i=1}^{n} \mathbf{x}_i^{(t+1)} \mathbf{x}_i^{(t+1)\top}$$

を計算し，

$$\boldsymbol{\mu}^{(t+1)} = \frac{1}{n} \sum_{i=1}^{n} \mathbf{x}_i^{(t+1)},$$
$$\boldsymbol{\Sigma}^{(t+1)} = \frac{1}{n} \sum_{i=1}^{n} \mathbf{x}_i^{(t+1)} \mathbf{x}_i^{(t+1)\top} - \boldsymbol{\mu}^{(t+1)} \boldsymbol{\mu}^{(t+1)\top}$$

を求め，$\boldsymbol{\theta}^{(t+1)} = [\boldsymbol{\mu}^{(t+1)}, \boldsymbol{\Sigma}^{(t+1)}]^\top$ を得る．

【例 2.2】（2 変量正規分布モデル）　表 2.2 の観測データ $\mathbf{y} = [\mathbf{y}_{\mathrm{obs}}, \mathbf{y}_{\mathrm{mis1}}, \mathbf{y}_{\mathrm{mis2}}]$ が与えられたとする．ここで，$\mathbf{y}_{\mathrm{obs}} = [\mathbf{y}_1, \ldots, \mathbf{y}_7]^\top$，$\mathbf{y}_{\mathrm{mis1}} = [\mathbf{y}_8, \mathbf{y}_9, \mathbf{y}_{10}]^\top$，$\mathbf{y}_{\mathrm{mis2}} = [\mathbf{y}_{11}, \mathbf{y}_{12}]^\top$ である．

このデータに対し，EM アルゴリズムを適用する．初期値 $\boldsymbol{\theta}^{(0)} = [\boldsymbol{\mu}^{(0)}, \boldsymbol{\Sigma}^{(0)}]$ は

表 2.3 観測データ $\mathbf{y}$ の推定値

$\mathbf{y}_{\text{obs}}$							$\tilde{\mathbf{y}}_{\text{mis1}}$			$\tilde{\mathbf{y}}_{\text{mis2}}$	
$\mathbf{y}_1$	$\mathbf{y}_2$	$\mathbf{y}_3$	$\mathbf{y}_4$	$\mathbf{y}_5$	$\mathbf{y}_6$	$\mathbf{y}_7$	$\mathbf{y}_8$	$\mathbf{y}_9$	$\mathbf{y}_{10}$	$\mathbf{y}_{11}$	$\mathbf{y}_{12}$
9	8	8	9	11	11	10	8	11	8	**8.8**	**9.8**
12	17	16	19	21	28	18	**15.2**	**22.7**	**15.2**	16	21

$$\boldsymbol{\mu}^{(0)} = \begin{bmatrix} \dfrac{1}{7}\displaystyle\sum_{i=1}^{7} y_{i1} \\ \dfrac{1}{7}\displaystyle\sum_{i=1}^{7} y_{i2} \end{bmatrix} = \begin{bmatrix} 9.428 \\ 18.714 \end{bmatrix}, \quad \boldsymbol{\Sigma}^{(0)} = \begin{bmatrix} 1 & 0 \\ 0 & 1 \end{bmatrix}$$

とし，アルゴリズムの収束判定は

$$\|\boldsymbol{\theta}^{(t+1)} - \boldsymbol{\theta}^{(t)}\|^2 < \delta = 10^{-6}$$

でおこなった．EM アルゴリズムは 12 回の反復で収束し，

$$\boldsymbol{\mu}^* = \begin{bmatrix} 9.3034 \\ 18.4138 \end{bmatrix}, \qquad \boldsymbol{\Sigma}^* = \begin{bmatrix} 1.5096 & 3.7742 \\ 3.7742 & 19.0553 \end{bmatrix}$$

を得た．この値を式 (2.14) と式 (2.15) に代入することにより，$\mathbf{y}_{\text{mis1}}$ と $\mathbf{y}_{\text{mis2}}$ の欠測部分を埋めたデータ $\tilde{\mathbf{y}}_{\text{mis1}}$ と $\tilde{\mathbf{y}}_{\text{mis2}}$ を求めることができる．表 2.3 で下線を引いてある数値が欠測部分の推定値である．

図 2.2 は，μ_1 を横軸，μ_2 を縦軸にとり，$\{\boldsymbol{\mu}^{(t)}\}_{1 \le t \le 12}$ の振る舞いをプロットしたものである．ここでも，推定値の改良が大きいのは反復回数が 1 から 6 あたりまでであり，それ以降では 1 回あたりの反復における値の改良が非常に小さいことがわかる．

2.2 指数型分布族に対する EM アルゴリズム

完全データ $\mathbf{x} = [\mathbf{y}, \mathbf{z}]^\top$ の従う確率分布が指数型分布族に属しているときの EM アルゴリズムを考える．$\mathbf{x}$ が与えられたとき，対数尤度関数は，

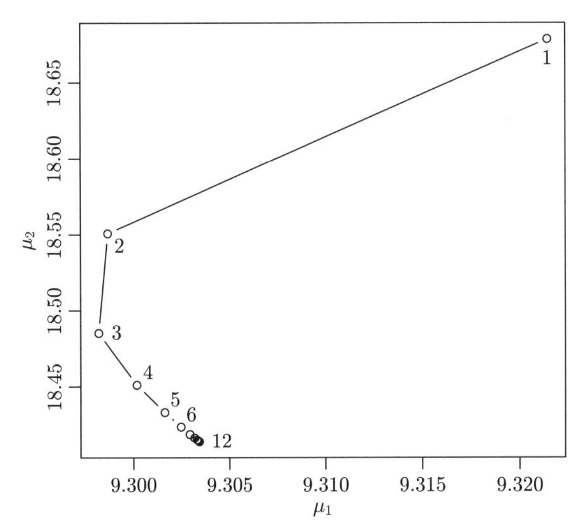

図 2.2　$\{\boldsymbol{\mu}^{(t)}\}_{1\leq t\leq 12}$ の収束までの振る舞い

式 (1.11) より,

$$\ell_c(\boldsymbol{\theta}) = -\ln a(\boldsymbol{\theta}) + \boldsymbol{\theta}^\top \mathbf{s}(\mathbf{x}) + \ln b(\mathbf{x})$$

である．これより，Q 関数は

$$\begin{aligned} Q(\boldsymbol{\theta}'|\boldsymbol{\theta}) &= \mathrm{E}[\ell_c(\boldsymbol{\theta})|\mathbf{y},\boldsymbol{\theta}] \\ &= \int_{\Omega_\mathbf{z}} \{-\ln a(\boldsymbol{\theta}') + \boldsymbol{\theta}'^\top \mathbf{s}(\mathbf{x}) + \ln b(\mathbf{x})\} f(\mathbf{z}|\mathbf{y},\boldsymbol{\theta}) d\mathbf{z} \end{aligned}$$

であり,

$$\begin{aligned} Q(\boldsymbol{\theta}'|\boldsymbol{\theta}) = -\ln a(\boldsymbol{\theta}') + \boldsymbol{\theta}'^\top \int_{\Omega_\mathbf{z}} \mathbf{s}(\mathbf{x}) f(\mathbf{z}|\mathbf{y},\boldsymbol{\theta}) d\mathbf{z} \\ + \int_{\Omega_\mathbf{z}} \ln b(\mathbf{x}) f(\mathbf{z}|\mathbf{y},\boldsymbol{\theta}) d\mathbf{z} \end{aligned} \tag{2.24}$$

となる．ここで,

$$\mathrm{E}\left[\mathbf{s}(\mathbf{X})\middle|\mathbf{y},\boldsymbol{\theta}\right] = \int_{\Omega_\mathbf{z}} \mathbf{s}(\mathbf{x}) f(\mathbf{z}|\mathbf{y},\boldsymbol{\theta}) d\mathbf{z}$$

と書くことにするとき,

$$\frac{\partial Q(\boldsymbol{\theta}'|\boldsymbol{\theta})}{\partial \boldsymbol{\theta}'} = \mathbf{0}$$

ならば, 式 (2.24) より,

$$-D \ln a(\boldsymbol{\theta}') + \mathrm{E}\left[\mathbf{s}(\mathbf{X})\middle|\mathbf{y}, \boldsymbol{\theta}\right] = \mathbf{0}$$

となり,

$$D \ln a(\boldsymbol{\theta}') = \mathrm{E}\left[\mathbf{s}(\mathbf{X})\middle|\mathbf{y}, \boldsymbol{\theta}\right] \tag{2.25}$$

を得る. また,

$$a(\boldsymbol{\theta}) = \int_{\Omega_{\mathbf{x}}} b(\mathbf{x}) \exp[\boldsymbol{\theta}^\top \mathbf{s}(\mathbf{x})] d\mathbf{x} \tag{2.26}$$

であることに注意すると,

$$\begin{aligned} D \ln a(\boldsymbol{\theta}) &= \frac{1}{a(\boldsymbol{\theta})} \frac{\partial}{\partial \boldsymbol{\theta}} \int_{\Omega_{\mathbf{x}}} b(\mathbf{x}) \exp[\boldsymbol{\theta}^\top \mathbf{s}(\mathbf{x})] d\mathbf{x} \\ &= \frac{1}{a(\boldsymbol{\theta})} \int_{\Omega_{\mathbf{x}}} b(\mathbf{x}) \frac{\partial}{\partial \boldsymbol{\theta}} \exp[\boldsymbol{\theta}^\top \mathbf{s}(\mathbf{x})] d\mathbf{x} \\ &= \int_{\Omega_{\mathbf{x}}} \mathbf{s}(\mathbf{x}) \frac{b(\mathbf{x}) \exp[\boldsymbol{\theta}^\top \mathbf{s}(\mathbf{x})]}{a(\boldsymbol{\theta})} d\mathbf{x} \\ &= \int_{\Omega_{\mathbf{x}}} \mathbf{s}(\mathbf{x}) f(\mathbf{x}|\boldsymbol{\theta}) d\mathbf{x} \\ &= \mathrm{E}\left[\mathbf{s}(\mathbf{X})\middle|\boldsymbol{\theta}\right] \end{aligned}$$

となる. これより,

$$D \ln a(\boldsymbol{\theta}') = \mathrm{E}\left[\mathbf{s}(\mathbf{X})\middle|\boldsymbol{\theta}'\right] \tag{2.27}$$

であり, 式 (2.25) は

$$\mathrm{E}\left[\mathbf{s}(\mathbf{X})\middle|\boldsymbol{\theta}'\right] = \mathrm{E}\left[\mathbf{s}(\mathbf{X})\middle|\mathbf{y}, \boldsymbol{\theta}\right] \tag{2.28}$$

となる. したがって, 指数型分布族における EM アルゴリズムは方程式 (2.28) の解を求めることになり, E-step と M-step は次で与えられる：

E-step:　$\mathbf{y}$ と $\boldsymbol{\theta}^{(t)}$ が与えられたとき，十分統計量の値 $\mathbf{s}(\mathbf{x})$ の推定値 $\mathbf{s}^{(t+1)}$ を

$$\mathbf{s}^{(t+1)} = \mathrm{E}\left[\mathbf{s}(\mathbf{X})\middle|\mathbf{y}, \boldsymbol{\theta}^{(t)}\right]$$

により計算する.

M-step:　方程式

$$\mathrm{E}\left[\mathbf{s}(\mathbf{X})\middle|\boldsymbol{\theta}'\right] = \mathbf{s}^{(t+1)}$$

を解いて $\boldsymbol{\theta}^{(t+1)}$ を求める.

このように，E-step と M-step はともに $\boldsymbol{\theta}$ の十分統計量 $\mathbf{s}(\mathbf{X})$ による式で書くことができる．指数型分布族に対する EM アルゴリズムにより，多項分布モデルと 2 変量正規分布モデルにおける E-step と M-step を記述する.

●多項分布モデル

表 1.2 の分割表にまとめた観測データ $\mathbf{y} = [\mathbf{y}_{\mathrm{obs}}, \mathbf{y}_{\mathrm{mis1}}, \mathbf{y}_{\mathrm{mis2}}]$ が与えられたとき，E-step と M-step は次で与えられる：

E-step:　$\mathbf{y}$ と $\boldsymbol{\theta}^{(t)}$ が与えられたとき，$\mathbf{s}(\mathbf{x}) = [x_{11}, x_{12}, x_{21}]^\top$ の推定値

$$\mathbf{s}^{(t+1)} = \mathrm{E}\left[\mathbf{s}(\mathbf{X})\middle|\mathbf{y}, \boldsymbol{\theta}^{(t)}\right] = \left[x_{11}^{(t+1)}, x_{12}^{(t+1)}, x_{21}^{(t+1)}\right]^\top$$

を計算する．ここで，

$$x_{ij}^{(t+1)} = y_{ij} + r_i \frac{\theta_{ij}^{(t)}}{\theta_{i+}^{(t)}} + c_j \frac{\theta_{ij}^{(t)}}{\theta_{+j}^{(t)}}$$

である.

M-step: $\mathbf{s}^{(t+1)}$ が与えられたとき，方程式

$$\mathrm{E}\left[\mathbf{s}(\mathbf{X})\middle|\boldsymbol{\theta}'\right] = \left[x_{++}\theta'_{11}, x_{++}\theta'_{12}, x_{++}\theta'_{21}\right]^\top = \left[x_{11}^{(t+1)}, x_{12}^{(t+1)}, x_{21}^{(t+1)}\right]^\top$$

を解いて，

$$\boldsymbol{\theta}^{(t+1)} = \left[\theta_{11}^{(t+1)}, \theta_{12}^{(t+1)}, \theta_{21}^{(t+1)}, \theta_{22}^{(t+1)}\right]^\top = \left[\frac{x_{11}^{(t+1)}}{x_{++}}, \frac{x_{12}^{(t+1)}}{x_{++}}, \frac{x_{21}^{(t+1)}}{x_{++}}, \frac{x_{22}^{(t+1)}}{x_{++}}\right]^\top$$

を求める．

● 2変量正規分布モデル

表1.3の観測データ $\mathbf{y} = [\mathbf{y}_{\mathrm{obs}}, \mathbf{y}_{\mathrm{mis1}}, \mathbf{y}_{\mathrm{mis2}}]$ が与えられたとき，E-step と M-step は次で与えられる：

E-step: $\mathbf{y}$ と $\boldsymbol{\theta}^{(t)}$ が与えられたとき，式(2.14)から式(2.17)により，$\mathbf{s}(\mathbf{x}) = \left[\sum_{i=1}^n \mathbf{x}_i, \sum_{i=1}^n \mathbf{x}_i\mathbf{x}_i^\top\right]^\top$ の推定値

$$\mathbf{s}^{(t+1)} = \mathrm{E}\left[\mathbf{s}(\mathbf{X})\middle|\mathbf{y}, \boldsymbol{\theta}^{(t)}\right] = \left[\sum_{i=1}^n \mathbf{x}_i^{(t+1)}, \sum_{i=1}^n \mathbf{x}_i^{(t+1)}\mathbf{x}_i^{(t+1)\top}\right]^\top$$

を求める．

M-step: $\mathbf{s}^{(t+1)}$ が与えられたとき，方程式

$$\mathrm{E}\left[\mathbf{s}(\mathbf{X})\middle|\boldsymbol{\theta}'\right] = \left[n\boldsymbol{\mu}', n(\boldsymbol{\Sigma}' + \boldsymbol{\mu}'\boldsymbol{\mu}'^\top)\right]^\top = \left[\sum_{i=1}^n \mathbf{x}_i^{(t+1)}, \sum_{i=1}^n \mathbf{x}_i^{(t+1)}\mathbf{x}_i^{(t+1)\top}\right]^\top$$

を解いて，

$$\boldsymbol{\theta}^{(t+1)} = \left[\boldsymbol{\mu}^{(t+1)}, \boldsymbol{\Sigma}^{(t+1)}\right]^\top$$
$$= \left[\frac{1}{n}\sum_{i=1}^{n}\mathbf{x}_i^{(t+1)}, \frac{1}{n}\sum_{i=1}^{n}\mathbf{x}_i^{(t+1)}\mathbf{x}_i^{(t+1)\top} - \boldsymbol{\mu}^{(t+1)}\boldsymbol{\mu}^{(t+1)\top}\right]^\top$$

を求める.

2.3 EM アルゴリズムの性質

EM アルゴリズムでは，ある点 $\boldsymbol{\theta}^{(0)} \in \Omega_{\boldsymbol{\theta}}$ からスタートして $\boldsymbol{\theta}^{(1)}, \boldsymbol{\theta}^{(2)}, \ldots$ を順次求める．このような反復法の一連の手続きである**アルゴリズム**を，Zangwill (1969) は**点対集合写像** (point-to-set mapping) を用いて定義した.

定義 2.1 (アルゴリズム)
ある点 $\boldsymbol{\theta}^{(t)}$ が与えられたとき，次の点 $\boldsymbol{\theta}^{(t+1)}$ を生成するアルゴリズムを点対集合写像 $M : \Omega_{\boldsymbol{\theta}} \to \Omega_{\boldsymbol{\theta}}$ と考える．このとき，$\boldsymbol{\theta}^{(t)}$ から M によって生成される $\boldsymbol{\theta}^{(t+1)}$ は

$$\boldsymbol{\theta}^{(t+1)} \in M(\boldsymbol{\theta}^{(t)}) \tag{2.29}$$

を満たす.

アルゴリズム M を定義し，初期値を $\boldsymbol{\theta}^{(0)} \in \Omega_{\boldsymbol{\theta}}$ としたとき，$M(\boldsymbol{\theta}^{(0)})$ は $\boldsymbol{\theta}^{(0)}$ によって定まる $\Omega_{\boldsymbol{\theta}}$ の部分集合である．このとき，$\boldsymbol{\theta}^{(1)}$ は $\boldsymbol{\theta}^{(1)} \in M(\boldsymbol{\theta}^{(0)})$ として適当に選ぶことで得られる．次に，$\boldsymbol{\theta}^{(2)} \in M(\boldsymbol{\theta}^{(1)})$ として $\boldsymbol{\theta}^{(2)}$ を選ぶ．これを繰り返し，$\boldsymbol{\theta}^{(0)}, \boldsymbol{\theta}^{(1)}, \boldsymbol{\theta}^{(2)}, \ldots$ を生成する．例えば，$\mathbb{R}^1$ 上のアルゴリズム M を

$$M(\theta) = \left\{\theta' \middle| -\frac{1}{2}|\theta| < \theta' < \frac{1}{2}|\theta|\right\}$$

によって定義し，

$$\theta^{(t+1)} \in M(\theta^{(t)})$$

による列の生成を考える．初期値を $\theta^{(0)} = 10$ とするとき，その列として

$$\left\{10, 4, -\frac{3}{2}, -\frac{1}{4}, \dots\right\}, \quad \left\{10, -\frac{5}{2}, -1, \frac{1}{3}, \dots\right\}, \quad \dots$$

などがある．

Dempster et al. (1977) は EM アルゴリズムを拡張した **Generalized EM (GEM) アルゴリズム**を定義した．

定義 2.2 (GEM アルゴリズム)

写像 $M : \Omega_{\boldsymbol{\theta}} \to \Omega_{\boldsymbol{\theta}}$ によるアルゴリズムが，任意の $\boldsymbol{\theta} \in \Omega_{\boldsymbol{\theta}}$ に対し，

$$Q(M(\boldsymbol{\theta})|\boldsymbol{\theta}) \geq Q(\boldsymbol{\theta}|\boldsymbol{\theta})$$

であるとき，このアルゴリズムを GEM アルゴリズムという．

これより，GEM アルゴリズムは

$$M(\boldsymbol{\theta}^{(t)}) = \{\boldsymbol{\theta} \mid \boldsymbol{\theta} \in \Omega_{\boldsymbol{\theta}}, Q(\boldsymbol{\theta}|\boldsymbol{\theta}^{(t)}) \geq Q(\boldsymbol{\theta}^{(t)}|\boldsymbol{\theta}^{(t)})\} \tag{2.30}$$

のように定義される．また，McLachlan & Krishnan (2008) は，式 (2.6) で与えられる M-step を用いて，

$$M(\boldsymbol{\theta}^{(t)}) = \arg\max_{\boldsymbol{\theta} \in \Omega_{\boldsymbol{\theta}}} Q(\boldsymbol{\theta}|\boldsymbol{\theta}^{(t)})$$

により EM アルゴリズムを定義している．EM アルゴリズムが，任意の $\boldsymbol{\theta} \in \Omega_{\boldsymbol{\theta}}$ に対し，

$$Q(\boldsymbol{\theta}^{(t+1)}|\boldsymbol{\theta}^{(t)}) \geq Q(\boldsymbol{\theta}|\boldsymbol{\theta}^{(t)})$$

となるような大域的な解として $\boldsymbol{\theta}^{(t+1)}$ を求めるのに対して，GEM アルゴリズムでは，

$$Q(\boldsymbol{\theta}^{(t+1)}|\boldsymbol{\theta}^{(t)}) \geq Q(\boldsymbol{\theta}^{(t)}|\boldsymbol{\theta}^{(t)}) \tag{2.31}$$

を満たす $\boldsymbol{\theta}^{(t+1)}$ を見つける．この点において，2 つのアルゴリズムは異なる．

Dempster et al. (1977) は GEM アルゴリズムにおいて得られる対数尤度関数値の列 $\{\ell_o(\boldsymbol{\theta}^{(t)})\}_{t\geq 0}$ が単調増加する列であることを示した．

定理 2.1

すべての GEM アルゴリズムにおいて，任意の $\boldsymbol{\theta} \in \Omega_{\boldsymbol{\theta}}$ に対し，

$$\ell_o(M(\boldsymbol{\theta})) \geq \ell_o(\boldsymbol{\theta}) \tag{2.32}$$

が成立する．ただし，等号はほとんど至るところで

$$Q(M(\boldsymbol{\theta})|\boldsymbol{\theta}) = Q(\boldsymbol{\theta}|\boldsymbol{\theta})$$

および

$$f(\mathbf{z}|\mathbf{y}, M(\boldsymbol{\theta})) = f(\mathbf{z}|\mathbf{y}, \boldsymbol{\theta})$$

が成立するときに限る．

証明　任意の $\boldsymbol{\theta}' \in \Omega_{\boldsymbol{\theta}}$ に対し，

$$\ell_o(\boldsymbol{\theta}') = \ell_c(\boldsymbol{\theta}') - \ln f(\mathbf{z}|\mathbf{y}, \boldsymbol{\theta}')$$

と分解できることに注意する．さらに，$f(\mathbf{z}|\mathbf{y}, \boldsymbol{\theta})$ を用いて，この両辺の条件付き期待値をとる：

$$\begin{aligned}
&\int_{\Omega_{\mathbf{z}}} \ell_o(\boldsymbol{\theta}') f(\mathbf{z}|\mathbf{y}, \boldsymbol{\theta}) d\mathbf{z} \\
&\quad = \int_{\Omega_{\mathbf{z}}} \ell_c(\boldsymbol{\theta}') f(\mathbf{z}|\mathbf{y}, \boldsymbol{\theta}) d\mathbf{z} - \int_{\Omega_{\mathbf{z}}} \ln f(\mathbf{z}|\mathbf{y}, \boldsymbol{\theta}') f(\mathbf{z}|\mathbf{y}, \boldsymbol{\theta}) d\mathbf{z}
\end{aligned}$$

ここで，

$$H(\boldsymbol{\theta}'|\boldsymbol{\theta}) = \mathrm{E}\left[\ln f(\mathbf{Z}|\mathbf{y}, \boldsymbol{\theta}')\Big|\mathbf{y}, \boldsymbol{\theta}\right] = \int_{\Omega_\mathbf{z}} \ln f(\mathbf{z}|\mathbf{y}, \boldsymbol{\theta}') f(\mathbf{z}|\mathbf{y}, \boldsymbol{\theta}) d\mathbf{z}$$

と書き，$\boldsymbol{\theta}' = M(\boldsymbol{\theta})$ と置き換えると，

$$\ell_o(M(\boldsymbol{\theta})) = Q(M(\boldsymbol{\theta})|\boldsymbol{\theta}) - H(M(\boldsymbol{\theta})|\boldsymbol{\theta}) \tag{2.33}$$

となる．任意の $\boldsymbol{\theta} \in \Omega_{\boldsymbol{\theta}}$ に対し，

$$Q(M(\boldsymbol{\theta})|\boldsymbol{\theta}) \geq Q(\boldsymbol{\theta}|\boldsymbol{\theta})$$

であるので，

$$H(M(\boldsymbol{\theta})|\boldsymbol{\theta}) \leq H(\boldsymbol{\theta}|\boldsymbol{\theta}) \tag{2.34}$$

のとき，不等式 (2.32) が成立する．不等式 (2.34) を証明する．

任意の $\boldsymbol{\theta} \in \Omega_{\boldsymbol{\theta}}$ に対し，不等式 (2.34) は

$$H(M(\boldsymbol{\theta})|\boldsymbol{\theta}) - H(\boldsymbol{\theta}|\boldsymbol{\theta}) = \mathrm{E}\left[\ln \frac{f(\mathbf{Z}|\mathbf{y}, M(\boldsymbol{\theta}))}{f(\mathbf{Z}|\mathbf{y}, \boldsymbol{\theta})}\Big|\mathbf{y}, \boldsymbol{\theta}\right]$$

と書くことができる．イェンセンの不等式より，

$$\begin{aligned}
\mathrm{E}\left[\ln \frac{f(\mathbf{Z}|\mathbf{y}, M(\boldsymbol{\theta}))}{f(\mathbf{Z}|\mathbf{y}, \boldsymbol{\theta})}\Big|\mathbf{y}, \boldsymbol{\theta}\right] &\leq \ln \mathrm{E}\left[\frac{f(\mathbf{Z}|\mathbf{y}, M(\boldsymbol{\theta}))}{f(\mathbf{Z}|\mathbf{y}, \boldsymbol{\theta})}\Big|\mathbf{y}, \boldsymbol{\theta}\right] \\
&= \ln \int_{\Omega_\mathbf{z}} f(\mathbf{z}|\mathbf{y}, M(\boldsymbol{\theta})) d\mathbf{z} \\
&= 0
\end{aligned}$$

となり，不等式 (2.34) が成立する．したがって，不等式 (2.32) が保証される．等号は，$f(\mathbf{z}|\mathbf{y}, M(\boldsymbol{\theta})) = f(\mathbf{z}|\mathbf{y}, \boldsymbol{\theta})$ が成立するときに限る．

また，式 (2.33) より，

$$Q(M(\boldsymbol{\theta})|\boldsymbol{\theta}) = Q(\boldsymbol{\theta}|\boldsymbol{\theta})$$

および

$$H(M(\boldsymbol{\theta})|\boldsymbol{\theta}) = H(\boldsymbol{\theta}|\boldsymbol{\theta})$$

の両方が成立するとき，$\ell_o(M(\boldsymbol{\theta})) = \ell_o(\boldsymbol{\theta})$ となる． □

定理 2.1 より，次の 2 つの系を得る．

系 2.2

ある $\boldsymbol{\theta}^* \in \Omega_{\boldsymbol{\theta}}$ に対し，$\ell_o(\boldsymbol{\theta}^*) \geq \ell_o(\boldsymbol{\theta})$ が任意の $\boldsymbol{\theta} \in \Omega_{\boldsymbol{\theta}}$ において成立していると仮定する．このとき，すべての GEM アルゴリズムにおいて，ほとんど至るところで

(a) $\ell_o(M(\boldsymbol{\theta}^*)) = \ell_o(\boldsymbol{\theta}^*)$

(b) $Q(M(\boldsymbol{\theta}^*)) = Q(\boldsymbol{\theta}^*)$

(c) $f(\mathbf{z}|\mathbf{y}, M(\boldsymbol{\theta}^*)) = f(\mathbf{z}|\mathbf{y}, \boldsymbol{\theta}^*)$

が成立する．

系 2.3

ある $\boldsymbol{\theta}^* \in \Omega_{\boldsymbol{\theta}}$ に対し，$\ell_o(\boldsymbol{\theta}^*) \geq \ell_o(\boldsymbol{\theta})$ が任意の $\boldsymbol{\theta} \in \Omega_{\boldsymbol{\theta}}$ において成立していると仮定する．このとき，すべての GEM アルゴリズムにおいて，

$$\boldsymbol{\theta}^* = M(\boldsymbol{\theta}^*)$$

が成立する．

定理 2.1 は Dempster et al. (1977) における重要な結果の 1 つであり，$\{\ell_o(\boldsymbol{\theta}^{(t)})\}_{t\geq 0}$ が上に有界であれば，この列は単調にある値 ℓ^* に収束することを保証している．このとき，ℓ^* は

$$D\ell_o(\boldsymbol{\theta}) = \mathbf{0}$$

を満たす停留点 $\boldsymbol{\theta}^*$ の関数値 $\ell_o(\boldsymbol{\theta}^*)$ と一致し，$\ell^* = \ell_o(\boldsymbol{\theta}^*)$ となる．また，最尤推定値 $\boldsymbol{\theta}^*$ が GEM アルゴリズムの不動点 (fixed point) になっていることを系 2.2 および系 2.3 は示している．EM アルゴリズムから生成される $\{\ell_o(\boldsymbol{\theta}^{(t)})\}_{t\geq 0}$ と $\{\boldsymbol{\theta}^{(t)}\}_{t\geq 0}$ の収束性については第 3 章で詳しく述べる．

$\Omega_{\boldsymbol{\theta}} \subset \mathbb{R}^p$ 上の $\ell_o(\boldsymbol{\theta})$，$Q(\boldsymbol{\theta}'|\boldsymbol{\theta})$，$H(\boldsymbol{\theta}'|\boldsymbol{\theta})$ および $M(\boldsymbol{\theta})$ は高階の偏微分

可能でかつ連続であると仮定する．また，$Q(\boldsymbol{\theta}'|\boldsymbol{\theta})$ と $H(\boldsymbol{\theta}'|\boldsymbol{\theta})$ において，$\boldsymbol{\theta}'$ に関する i 回偏微分を D^{i0}，$\boldsymbol{\theta}$ に関する j 回偏微分を D^{0j} と書くことにする．例えば，

$$D^{10}Q(\boldsymbol{\theta}'|\boldsymbol{\theta}) = \frac{\partial Q(\boldsymbol{\theta}'|\boldsymbol{\theta})}{\partial \boldsymbol{\theta}'}, \quad D^{01}Q(\boldsymbol{\theta}'|\boldsymbol{\theta}) = \frac{\partial Q(\boldsymbol{\theta}'|\boldsymbol{\theta})}{\partial \boldsymbol{\theta}}$$

となる．さらに，微分と期待値の演算の順序交換が可能であるとする．

このとき，$H(\boldsymbol{\theta}|\boldsymbol{\theta})$ に関し，次の補題を得る．

補題 2.4

任意の $\boldsymbol{\theta} \in \Omega_{\boldsymbol{\theta}}$ に対し，$D\ln f(\mathbf{z}|\mathbf{y},\boldsymbol{\theta})$ の条件付き期待値と条件付き分散共分散行列において，

$$\mathrm{E}\left[D\ln f(\mathbf{Z}|\mathbf{y},\boldsymbol{\theta})\middle|\mathbf{y},\boldsymbol{\theta}\right] = D^{10}H(\boldsymbol{\theta}|\boldsymbol{\theta}) = \mathbf{0}, \tag{2.35}$$

$$\mathrm{V}\left[D\ln f(\mathbf{Z}|\mathbf{y},\boldsymbol{\theta})\middle|\mathbf{y},\boldsymbol{\theta}\right] = D^{11}H(\boldsymbol{\theta}|\boldsymbol{\theta}) = -D^{20}H(\boldsymbol{\theta}|\boldsymbol{\theta}) \tag{2.36}$$

が成立する．

証明　$f(\mathbf{z}|\mathbf{y},\boldsymbol{\theta})$ は確率密度関数より，

$$1 = \int_{\Omega_{\mathbf{z}}} f(\mathbf{z}|\mathbf{y},\boldsymbol{\theta})d\mathbf{z}$$

である．ここで，積分内で $\boldsymbol{\theta} = [\theta_1, \ldots, \theta_p]^\top$ の θ_j に関して偏微分すると，

$$\begin{aligned} 0 &= \int_{\Omega_{\mathbf{z}}} \frac{\partial f(\mathbf{z}|\mathbf{y},\boldsymbol{\theta})}{\partial \theta_j} d\mathbf{z} \\ &= \int_{\Omega_{\mathbf{z}}} \frac{\partial \ln f(\mathbf{z}|\mathbf{y},\boldsymbol{\theta})}{\partial \theta_j} f(\mathbf{z}|\mathbf{y},\boldsymbol{\theta}) d\mathbf{z} \\ &= \mathrm{E}\left[\frac{\partial \ln f(\mathbf{Z}|\mathbf{y},\boldsymbol{\theta})}{\partial \theta_j}\middle|\mathbf{y},\boldsymbol{\theta}\right] \end{aligned}$$

であり，

$$\mathrm{E}\left[D\ln f(\mathbf{Z}|\mathbf{y},\boldsymbol{\theta})\middle|\mathbf{y},\boldsymbol{\theta}\right] = D^{10}H(\boldsymbol{\theta}|\boldsymbol{\theta}) = \mathbf{0}$$

を得る．

さらに，積分内で θ_i に関して偏微分すると，

$$
\begin{aligned}
0 &= \int_{\Omega_{\mathbf{z}}} \frac{\partial}{\partial \theta_i} \left(\frac{\partial \ln f(\mathbf{z}|\mathbf{y}, \boldsymbol{\theta})}{\partial \theta_j} f(\mathbf{z}|\mathbf{y}, \boldsymbol{\theta}) \right) d\mathbf{z} \\
&= \int_{\Omega_{\mathbf{z}}} \frac{\partial^2 \ln f(\mathbf{z}|\mathbf{y}, \boldsymbol{\theta})}{\partial \theta_i \partial \theta_j} f(\mathbf{z}|\mathbf{y}, \boldsymbol{\theta}) d\mathbf{z} + \int_{\Omega_{\mathbf{z}}} \frac{\partial \ln f(\mathbf{z}|\mathbf{y}, \boldsymbol{\theta})}{\partial \theta_i} \frac{\partial f(\mathbf{z}|\mathbf{y}, \boldsymbol{\theta})}{\partial \theta_j} d\mathbf{z} \\
&= \int_{\Omega_{\mathbf{z}}} \frac{\partial^2 \ln f(\mathbf{z}|\mathbf{y}, \boldsymbol{\theta})}{\partial \theta_i \partial \theta_j} f(\mathbf{z}|\mathbf{y}, \boldsymbol{\theta}) d\mathbf{z} \\
&\quad + \int_{\Omega_{\mathbf{z}}} \left\{ \frac{\partial \ln f(\mathbf{z}|\mathbf{y}, \boldsymbol{\theta})}{\partial \theta_i} \right\} \left\{ \frac{\partial \ln f(\mathbf{z}|\mathbf{y}, \boldsymbol{\theta})}{\partial \theta_j} \right\} f(\mathbf{z}|\mathbf{y}, \boldsymbol{\theta}) d\mathbf{z} \\
&= \mathrm{E}\left[\frac{\partial^2 \ln f(\mathbf{Z}|\mathbf{y}, \boldsymbol{\theta})}{\partial \theta_i \partial \theta_j} \middle| \mathbf{y}, \boldsymbol{\theta} \right] \\
&\quad + \mathrm{E}\left[\left\{ \frac{\partial \ln f(\mathbf{Z}|\mathbf{y}, \boldsymbol{\theta})}{\partial \theta_i} \right\} \left\{ \frac{\partial \ln f(\mathbf{Z}|\mathbf{y}, \boldsymbol{\theta})}{\partial \theta_j} \right\} \middle| \mathbf{y}, \boldsymbol{\theta} \right]
\end{aligned}
$$

となり，

$$
\begin{aligned}
&-\mathrm{E}\left[\frac{\partial^2 \ln f(\mathbf{Z}|\mathbf{y}, \boldsymbol{\theta})}{\partial \theta_i \partial \theta_j} \middle| \mathbf{y}, \boldsymbol{\theta} \right] \\
&\quad = \mathrm{E}\left[\left\{ \frac{\partial \ln f(\mathbf{Z}|\mathbf{y}, \boldsymbol{\theta})}{\partial \theta_i} \right\} \left\{ \frac{\partial \ln f(\mathbf{Z}|\mathbf{y}, \boldsymbol{\theta})}{\partial \theta_j} \right\} \middle| \mathbf{y}, \boldsymbol{\theta} \right] \qquad (2.37)
\end{aligned}
$$

を得る．したがって，

$$
D^{11} H(\boldsymbol{\theta}|\boldsymbol{\theta}) = \mathrm{E}\left[\{D \ln f(\mathbf{Z}|\mathbf{y}, \boldsymbol{\theta})\}\{D \ln f(\mathbf{Z}|\mathbf{y}, \boldsymbol{\theta})\}^\top \middle| \mathbf{y}, \boldsymbol{\theta} \right], \qquad (2.38)
$$

$$
D^{20} H(\boldsymbol{\theta}|\boldsymbol{\theta}) = \mathrm{E}\left[D^2 \ln f(\mathbf{Z}|\mathbf{y}, \boldsymbol{\theta}) \middle| \mathbf{y}, \boldsymbol{\theta} \right] \qquad (2.39)
$$

である．ここで，

$$
\mathrm{E}\left[D \ln f(\mathbf{Z}|\mathbf{y}, \boldsymbol{\theta}) \middle| \mathbf{y}, \boldsymbol{\theta} \right] = \mathbf{0}
$$

より，

$$
\begin{aligned}
&\mathrm{V}\left[D \ln f(\mathbf{Z}|\mathbf{y}, \boldsymbol{\theta}) \middle| \mathbf{y}, \boldsymbol{\theta} \right] \\
&\quad = \mathrm{E}\left[\{D \ln f(\mathbf{Z}|\mathbf{y}, \boldsymbol{\theta})\} \{D \ln f(\mathbf{Z}|\mathbf{y}, \boldsymbol{\theta})\}^\top \middle| \mathbf{y}, \boldsymbol{\theta} \right]
\end{aligned}
$$

であるので，式 (2.38) と式 (2.39) より，

$$\mathrm{V}\left[D\ln f(\mathbf{Z}|\mathbf{y},\boldsymbol{\theta})\middle|\mathbf{y},\boldsymbol{\theta}\right] = D^{11}H(\boldsymbol{\theta}|\boldsymbol{\theta}) = -D^{20}H(\boldsymbol{\theta}|\boldsymbol{\theta})$$

を得る. □

いま,

$$\ell_o(\boldsymbol{\theta}') = Q(\boldsymbol{\theta}'|\boldsymbol{\theta}) - H(\boldsymbol{\theta}'|\boldsymbol{\theta}) \tag{2.40}$$

を $\boldsymbol{\theta}'$ に関して偏微分すると,

$$D\ell_o(\boldsymbol{\theta}') = D^{10}Q(\boldsymbol{\theta}'|\boldsymbol{\theta}) - D^{10}H(\boldsymbol{\theta}'|\boldsymbol{\theta}) \tag{2.41}$$

となる. 式 (2.35) より,

$$D\ell_o(\boldsymbol{\theta}') = D^{10}Q(\boldsymbol{\theta}'|\boldsymbol{\theta})$$

が成り立つ. これは, $D^{10}Q(\boldsymbol{\theta}'|\boldsymbol{\theta}) = \mathbf{0}$ の解が, 尤度方程式 $D\ell_o(\boldsymbol{\theta}') = \mathbf{0}$ の解, すなわち, 最尤推定値 $\boldsymbol{\theta}^*$ であることを意味している.

第3章

EMアルゴリズムの収束

3.1 EMアルゴリズムの収束について

2.3節で述べたように，EMアルゴリズムが生成するパラメータの推定列 $\{\boldsymbol{\theta}^{(t)}\}_{t\geq 0}$ は対数尤度関数値の列 $\{\ell_o(\boldsymbol{\theta}^{(t)})\}_{t\geq 0}$ を単調増加させる．このとき，$\{\ell_o(\boldsymbol{\theta}^{(t)})\}_{t\geq 0}$ が上に有界であれば，この列は局所最大値 ℓ^* に収束する．このことが，EMアルゴリズムの安定した収束を保証している．Wu (1983) は，Zangwill (1969) のアルゴリズムの大域的収束定理を用いて，いくつかの正則条件とともに $\{\ell_o(\boldsymbol{\theta}^{(t)})\}_{t\geq 0}$ と $\{\boldsymbol{\theta}^{(t)}\}_{t\geq 0}$ の収束に関する定理を与えている．ここでは，これらの結果を示す．

3.1.1 アルゴリズムの収束性

アルゴリズムの収束には**大域的収束** (global convergence) と**局所的収束** (local convergence) がある．ある関数 $\ell_o(\boldsymbol{\theta})$ において，その最大値を与える点を $\boldsymbol{\theta}^*$ と書くことにする．大域的収束は，任意の初期値 $\boldsymbol{\theta}^{(0)}$ が与えられたとき，アルゴリズムにより生成される $\{\boldsymbol{\theta}^{(t)}\}_{t\geq 0}$ が $\boldsymbol{\theta}^*$ に収束することをいう．一方，局所的収束は，初期値 $\boldsymbol{\theta}^{(0)}$ を $\boldsymbol{\theta}^*$ の十分近くで選べば，アルゴリズムにより生成される $\{\boldsymbol{\theta}^{(t)}\}_{t\geq 0}$ が $\boldsymbol{\theta}^*$ に収束することをいう．

アルゴリズムが収束するためには，「**閉じている** (closedness)」という性質をもっている必要がある．この性質は関数の連続性の概念を写像に拡大したものである．

定義 3.1

点対集合写像 $M : \Omega_{\boldsymbol{\theta}} \to \Omega_{\boldsymbol{\theta}}$ が点 $\boldsymbol{\theta} \in \Omega_{\boldsymbol{\theta}}$ で**閉** (closed) であるとは，

$$\text{(i)}\ \boldsymbol{\theta}^{(t)} \to \boldsymbol{\theta},\ \boldsymbol{\theta}^{(t)} \in \Omega_{\boldsymbol{\theta}}, \quad \text{(ii)}\ \boldsymbol{\Psi}^{(t)} \to \boldsymbol{\Psi},\ \boldsymbol{\Psi}^{(t)} \in M(\boldsymbol{\theta}^{(t)})$$

ならば，$\boldsymbol{\Psi} \in M(\boldsymbol{\theta})$ であることをいう．また，$\Omega_{\boldsymbol{\theta}}$ の各点で閉ならば，$\Omega_{\boldsymbol{\theta}}$ 上で M は閉であるという．

Zangwill (1969) は，アルゴリズム M が閉であれば，大域的収束することを示した．

定理 3.1

アルゴリズム $M : \Omega_{\boldsymbol{\theta}} \to \Omega_{\boldsymbol{\theta}}$ により，$\boldsymbol{\theta}^{(t+1)} \in M(\boldsymbol{\theta}^{(t)})$ を満たすように $\{\boldsymbol{\theta}^{(t)}\}_{t\geq 0}$ は生成されるとする．$\Gamma \subset \Omega_{\boldsymbol{\theta}}$ を解集合とし，次を仮定する：

(i) $\{\boldsymbol{\theta}^{(t)}\}_{t\geq 0}$ はコンパクト集合 $C \subset \Omega_{\boldsymbol{\theta}}$ に含まれる．

(ii) M は Γ の補集合 $\Omega_{\boldsymbol{\theta}} \setminus \Gamma$ 上で閉な点対集合写像である．

(iii) $\Omega_{\boldsymbol{\theta}}$ 上の連続関数 $\ell_o : \Omega_{\boldsymbol{\theta}} \to \mathbb{R}$ が存在し，

(a) $\boldsymbol{\theta} \notin \Gamma$ であれば，任意の $\boldsymbol{\Psi} \in M(\boldsymbol{\theta})$ に対し，

$$\ell_o(\boldsymbol{\Psi}) > \ell_o(\boldsymbol{\theta})$$

である．

(b) $\boldsymbol{\theta} \in \Gamma$ であれば，任意の $\boldsymbol{\Psi} \in M(\boldsymbol{\theta})$ に対し，

$$\ell_o(\boldsymbol{\Psi}) \geq \ell_o(\boldsymbol{\theta})$$

である．

このとき，$\{\boldsymbol{\theta}^{(t)}\}_{t\geq 0}$ の極限のすべては Γ に含まれ，ある $\boldsymbol{\theta}^* \in \Gamma$ の $\ell_o(\boldsymbol{\theta}^*)$ に $\ell_o(\boldsymbol{\theta}^{(t)})$ は単調収束する．

3.1.2 EM アルゴリズムの収束のための正則条件

Wu (1983) は次の正則条件を示し，EM アルゴリズムの収束性を議論

した：

C1: $\Omega_{\boldsymbol{\theta}}$ を p 次元ユークリッド空間 $\mathbb{R}^p$ の部分空間とする.

C2: 任意の $\ell_o(\boldsymbol{\theta}^{(0)}) > -\infty$ に対し,

$$\Omega_{\boldsymbol{\theta}^{(0)}} = \{\boldsymbol{\theta} \mid \boldsymbol{\theta} \in \Omega_{\boldsymbol{\theta}}, \ell_o(\boldsymbol{\theta}) \geq \ell_o(\boldsymbol{\theta}^{(0)})\}$$

はコンパクトである.

C3: $\ell_o(\boldsymbol{\theta})$ は $\Omega_{\boldsymbol{\theta}}$ 上で連続かつ $\Omega_{\boldsymbol{\theta}}$ の内部 (interior) で微分可能である.

条件 C1 から C3 より，次の結果を得ることができる：

C4: 任意の $\boldsymbol{\theta}^{(0)} \in \Omega_{\boldsymbol{\theta}}$ に対し，$\boldsymbol{\theta}^{(0)}$ を初期値として EM アルゴリズムから生成される $\{\ell_o(\boldsymbol{\theta})^{(t)}\}_{t\geq 0}$ は上に有界である.

また，ℓ_o，Q および H の各関数で微分をおこなうためには，$\boldsymbol{\theta}^{(t)}$ が $\Omega_{\boldsymbol{\theta}}$ の内点であることが必要である．これを保証するため，次を仮定する：

C5: $\boldsymbol{\theta}^{(0)} \in \Omega_{\boldsymbol{\theta}}$ であれば，$\Omega_{\boldsymbol{\theta}^{(0)}}$ は $\Omega_{\boldsymbol{\theta}}$ の内部にある.

3.1.3 対数尤度関数値の列 $\{\ell_o(\theta^{(t)})\}_{t\geq 0}$ の収束

正則条件 C1 から C5 のもとで，EM アルゴリズムにより生成される対数尤度関数値の列 $\{\ell_o(\boldsymbol{\theta}^{(t)})\}_{t\geq 0}$ の収束について考える.

解集合 Γ に,

$\Gamma_{\ell_o} = \Omega_{\boldsymbol{\theta}}$ の内部における局所最大値 (local maxima) の集合

あるいは

$\Gamma_{\boldsymbol{\theta}} = \Omega_{\boldsymbol{\theta}}$ の内部における停留点の集合

を考える．このとき，定理 3.1 の特別な場合として，次の定理を得る.

定理 3.2

$\{\boldsymbol{\theta}^{(t)}\}_{t\geq 0}$ を $\boldsymbol{\theta}^{(t+1)} \in M(\boldsymbol{\theta}^{(t)})$ により GEM アルゴリズムから生成され

る列とする．次を仮定する：

(i) M は $\Gamma_{\boldsymbol{\theta}}$ の補集合 $\Omega_{\boldsymbol{\theta}} \setminus \Gamma_{\boldsymbol{\theta}}$ 上で閉な点対集合写像である．
(ii) 任意の $\boldsymbol{\theta}^{(t)} \notin \Gamma_{\boldsymbol{\theta}}$ に対し，$\ell_o(\boldsymbol{\theta}^{(t+1)}) > \ell_o(\boldsymbol{\theta}^{(t)})$ である．

このとき，$\{\boldsymbol{\theta}^{(t)}\}_{t\geq 0}$ の極限のすべては $\ell_o(\boldsymbol{\theta})$ の局所最大値を与える停留点であり，ある $\boldsymbol{\theta}^* \in \Gamma_{\boldsymbol{\theta}}$ の $\ell^* = \ell_o(\boldsymbol{\theta}^*)$ に $\ell_o(\boldsymbol{\theta}^{(t)})$ は単調収束する．

この定理は $\Gamma_{\boldsymbol{\theta}}$ を Γ_{ℓ_o} に置き換えても成り立つ．

EM アルゴリズムにおいて，点対集合写像 M が閉であるための十分条件として次を考えればよい．

C6: $Q(\boldsymbol{\theta}'|\boldsymbol{\theta})$ は $\boldsymbol{\theta}'$ と $\boldsymbol{\theta}$ で連続である．

この条件は，現実の適用場面において満たされていると考えられ，比較的緩いものである．

EM アルゴリズムの停留点への収束に関して，正則条件は条件 C6 のみであり，次の定理の適用範囲は広い．

定理 3.3

Q に条件 C6 を仮定する．このとき，EM アルゴリズムから生成される $\{\boldsymbol{\theta}^{(t)}\}_{t\geq 0}$ の極限のすべては $\ell_o(\boldsymbol{\theta})$ の停留点であり，ある停留点 $\boldsymbol{\theta}^* \in \Gamma_{\boldsymbol{\theta}}$ の $\ell^* = \ell_o(\boldsymbol{\theta}^*)$ に $\ell_o(\boldsymbol{\theta}^{(t)})$ は単調収束する．

証明 条件 C6 による連続性の仮定より，定理 3.2(i) は成立する．したがって，任意の $\boldsymbol{\theta}^{(t)} \notin \Gamma_{\boldsymbol{\theta}}$ に対し，定理 3.2(ii) が成立していることを示す．$\boldsymbol{\theta}^{(t)}$ は $\ell_o(\boldsymbol{\theta})$ の停留点ではないため，

$$D\ell_o(\boldsymbol{\theta}^{(t)}) = D^{10}Q(\boldsymbol{\theta}^{(t)}|\boldsymbol{\theta}^{(t)}) \neq \mathbf{0}$$

であり，

$$\boldsymbol{\theta}^{(t)} \neq \arg\max_{\boldsymbol{\theta}\in\Omega_{\boldsymbol{\theta}}} Q(\boldsymbol{\theta}|\boldsymbol{\theta}^{(t)})$$

である．M-step の定義から，$Q(\boldsymbol{\theta}^{(t+1)}|\boldsymbol{\theta}^{(t)}) > Q(\boldsymbol{\theta}^{(t)}|\boldsymbol{\theta}^{(t)})$ であり，ま

た，$H(\boldsymbol{\theta}^{(t+1)}|\boldsymbol{\theta}^{(t)}) \leq H(\boldsymbol{\theta}^{(t)}|\boldsymbol{\theta}^{(t)})$ であるので，任意 $\boldsymbol{\theta}^{(t)} \notin \Gamma_{\boldsymbol{\theta}}$ に対し，

$$\ell_o(\boldsymbol{\theta}^{(t+1)}) > \ell_o(\boldsymbol{\theta}^{(t)})$$

が成り立つ．□

解集合を Γ_{ℓ_o} に置き換えたとき，$\Gamma_{\boldsymbol{\theta}}$ のもとで得られた結果をそのまま適用することはできない．これを示すために，$\boldsymbol{\theta}^{(t)} \in \Gamma_{\boldsymbol{\theta}}$ かつ $\boldsymbol{\theta}^{(t)} \notin \Gamma_{\ell_o}$ を仮定する．このとき，$\boldsymbol{\theta}^{(t)} \in \Gamma_{\boldsymbol{\theta}}$ より，

$$D\ell_o(\boldsymbol{\theta}^{(t)}) = D^{10}Q(\boldsymbol{\theta}^{(t)}|\boldsymbol{\theta}^{(t)}) = \mathbf{0}$$

かつ

$$\boldsymbol{\theta}^{(t)} = \arg\max_{\boldsymbol{\theta}\in\Omega_{\boldsymbol{\theta}}} Q(\boldsymbol{\theta}|\boldsymbol{\theta}^{(t)})$$

であり，EM アルゴリズムは停留点 $\boldsymbol{\theta}^{(t)}$ で反復を終了する．しかし，$\boldsymbol{\theta}^{(t)} \notin \Gamma_{\ell_o}$ より，

$$\ell_o(\boldsymbol{\theta}^{(t)}) \neq \max_{\boldsymbol{\theta}\in\Omega_{\boldsymbol{\theta}}} \ell_o(\boldsymbol{\theta})$$

である．局所最大化を保証するために，以下の不等式 (3.1) がさらに必要になる．

定理 3.4

$Q(\boldsymbol{\theta}'|\boldsymbol{\theta})$ に条件 C6 を仮定し，かつ，任意の $\boldsymbol{\theta} \in \Gamma_{\boldsymbol{\theta}} \setminus \Gamma_{\ell_o}$ に対し，

$$\sup_{\boldsymbol{\theta}'\in\Omega_{\boldsymbol{\theta}}} Q(\boldsymbol{\theta}'|\boldsymbol{\theta}) > Q(\boldsymbol{\theta}|\boldsymbol{\theta}) \tag{3.1}$$

が成り立つとする．このとき，EM アルゴリズムの生成する任意の列 $\{\boldsymbol{\theta}^{(t)}\}_{t\geq 0}$ の極限のすべては $\ell_o(\boldsymbol{\theta})$ を局所最大化する点であり，ある極限 $\boldsymbol{\theta}^*$ の $\ell^* = \ell_o(\boldsymbol{\theta}^*)$ に $\ell_o(\boldsymbol{\theta}^{(t)})$ は単調収束する．

しかし，Wu (1983) が指摘しているように，不等式 (3.1) を検証することは困難である．したがって，定理 3.4 の有効性は限定的である．

3.1.4 パラメータの推定列 $\{\theta^{(t)}\}_{t\geq 0}$ の収束

3.1.3 項でみたように，EM（または GEM）アルゴリズムにより生成される $\{\boldsymbol{\theta}^{(t)}\}_{t\geq 0}$ をもとにした $\{\ell_o(\boldsymbol{\theta}^{(t)})\}_{t\geq 0}$ が局所最大値 ℓ^* に収束することは，その列 $\{\boldsymbol{\theta}^{(t)}\}_{t\geq 0}$ がある点 $\boldsymbol{\theta}^*$ に収束することを必ずしも意味していない．Wu (1983) は，$\{\boldsymbol{\theta}^{(t)}\}_{t\geq 0}$ の収束の議論において，$\{\ell_o(\boldsymbol{\theta}^{(t)})\}_{t\geq 0}$ の収束よりも厳しい条件を与えている．

次の解集合を定義する：

$$\Gamma_{\boldsymbol{\theta}}(\ell) = \{\boldsymbol{\theta} \mid \boldsymbol{\theta} \in \Gamma_{\boldsymbol{\theta}}, \ell_o(\boldsymbol{\theta}) = \ell\},$$

$$\Gamma_{\ell_o}(\ell) = \{\boldsymbol{\theta} \mid \boldsymbol{\theta} \in \Gamma_{\ell_o}, \ell_o(\boldsymbol{\theta}) = \ell\}$$

定理 3.2 より，$\ell_o(\boldsymbol{\theta}^{(t)}) \to \ell^*$ となり，$\{\boldsymbol{\theta}^{(t)}\}_{t\geq 0}$ の極限のすべては $\Gamma_{\boldsymbol{\theta}}(\ell^*)$（または $\Gamma_{\ell_o}(\ell^*)$）に存在する．ここで，$\Gamma_{\boldsymbol{\theta}}(\ell^*)$（または $\Gamma_{\ell_o}(\ell^*)$）が単一の点 $\boldsymbol{\theta}^*$ から構成される，すなわち，

$$\Gamma_{\boldsymbol{\theta}}(\ell^*) = \{\boldsymbol{\theta}^*\} \quad (\text{または } \Gamma_{\ell_o}(\ell^*) = \{\boldsymbol{\theta}^*\})$$

を仮定するとき，$\boldsymbol{\theta}^{(t)} \to \boldsymbol{\theta}^*$ となる．このことより，次の結果が得られる．

定理 3.5

$\{\boldsymbol{\theta}^{(t)}\}_{t\geq 0}$ を GEM アルゴリズムから生成される列とし，定理 3.2(i), (ii) を満たしていると仮定する．また，ℓ^* を $\{\ell_o(\boldsymbol{\theta}^{(t)})\}_{t\geq 0}$ の極限とする．このとき，$\Gamma_{\boldsymbol{\theta}}(\ell^*) = \{\boldsymbol{\theta}^*\}$ であれば，$\boldsymbol{\theta}^{(t)} \to \boldsymbol{\theta}^*$ となる．

定理 3.6

$\{\boldsymbol{\theta}^{(t)}\}_{t\geq 0}$ を GEM アルゴリズムから生成される列とし，定理 3.2(i), (ii) を満たしていると仮定する．また，ℓ^* を $\{\ell_o(\boldsymbol{\theta}^{(t)})\}_{t\geq 0}$ の極限とする．$t \to \infty$ のとき，$\|\boldsymbol{\theta}^{(t+1)} - \boldsymbol{\theta}^{(t)}\| \to 0$ となれば，$\{\boldsymbol{\theta}^{(t)}\}_{t\geq 0}$ の極限のすべては $\Gamma_{\boldsymbol{\theta}}(\ell^*)$ の連結でコンパクトな部分集合に含まれる．特に，$\Gamma_{\boldsymbol{\theta}}(\ell^*)$ が離散集合であれば，連結成分は単集合 (singleton) のみからなり，このとき，$\boldsymbol{\theta}^{(t)}$ は $\Gamma_{\boldsymbol{\theta}}(\ell^*)$ のある点 $\boldsymbol{\theta}^*$ に収束する．

証明 正則条件 C2 から，$\{\boldsymbol{\theta}^{(t)}\}_{t\geq 0}$ は有界な列である．Ostrowski (1966) の定理 28.1 より，$t \to \infty$ のとき，$\|\boldsymbol{\theta}^{(t+1)} - \boldsymbol{\theta}^{(t)}\| \to 0$ となる有界な列 $\{\boldsymbol{\theta}^{(t)}\}_{t\geq 0}$ の極限の集合は連結でかつコンパクトである．また，定理 3.2 から，$\{\boldsymbol{\theta}^{(t)}\}_{t\geq 0}$ の極限のすべては $\Gamma_{\boldsymbol{\theta}}(\ell^*)$ にすでに含まれている．これらより，定理の結果を得る． □

この 2 つの定理は $\Gamma_{\boldsymbol{\theta}}(\ell^*)$ を $\Gamma_{\ell_o}(\ell^*)$ に置き換えても成り立つ．

定理 3.2 を利用することなく，$\{\boldsymbol{\theta}^{(t)}\}_{t\geq 0}$ の停留点への収束を証明することを考える．集合

$$\Omega_{\boldsymbol{\theta}}(\ell) = \{\boldsymbol{\theta} \mid \boldsymbol{\theta} \in \Omega_{\boldsymbol{\theta}}, \ell_o(\boldsymbol{\theta}) = \ell\}$$

を定義する．このとき，次の定理を得る．

定理 3.7

$\{\boldsymbol{\theta}^{(t)}\}_{t\geq 0}$ は $D^{10}Q(\boldsymbol{\theta}^{(t+1)}|\boldsymbol{\theta}^{(t)}) = \mathbf{0}$ を満たす GEM アルゴリズムから生成される列とする．また，$D^{10}Q(\boldsymbol{\theta}'|\boldsymbol{\theta})$ は $\boldsymbol{\theta}'$ と $\boldsymbol{\theta}$ で連続であると仮定する．このとき，

(a) $\Omega_{\boldsymbol{\theta}}(\ell^*) = \{\boldsymbol{\theta}^*\}$ である

(b) $t \to \infty$ のとき，$\|\boldsymbol{\theta}^{(t+1)} - \boldsymbol{\theta}^{(t)}\| \to 0$ となり，$\Omega_{\boldsymbol{\theta}}(\ell^*)$ は離散集合である

のどちらかが成り立っているならば，$\ell_o(\boldsymbol{\theta})$ の極限 $\ell^* = \ell_o(\boldsymbol{\theta}^*)$ となる停留点 $\boldsymbol{\theta}^*$ に $\boldsymbol{\theta}^{(t)}$ は収束する．

証明 定理 3.5 と定理 3.6 で示したように，ある $\boldsymbol{\theta}^* \in \Omega_{\boldsymbol{\theta}}(\ell^*)$ に対し，$\boldsymbol{\theta}^{(t+1)} \to \boldsymbol{\theta}^*$ となることを示すことができる．任意の $\boldsymbol{\theta}' \in \Omega_{\boldsymbol{\theta}}(\ell^*)$ に対し，

$$H(\boldsymbol{\theta}'|\boldsymbol{\theta}^{(t)}) \leq H(\boldsymbol{\theta}^{(t)}|\boldsymbol{\theta}^{(t)})$$

が成り立ち，

$$D^{10}Q(\boldsymbol{\theta}^{(t+1)}|\boldsymbol{\theta}^{(t)}) = \mathbf{0}$$

である．また，$D^{10}Q(\boldsymbol{\theta}'|\boldsymbol{\theta})$ は $\boldsymbol{\theta}'$ と $\boldsymbol{\theta}$ で連続である．これらのことから，

$$D\ell_o(\boldsymbol{\theta}^*) = D^{10}Q(\boldsymbol{\theta}^*|\boldsymbol{\theta}^*) = \mathbf{0}$$

であり，$\boldsymbol{\theta}^*$ は $\ell_o(\boldsymbol{\theta}^*)$ の停留点である． □

EM アルゴリズムは定理 3.7 で仮定された $D^{10}Q(\boldsymbol{\theta}^{(t+1)}|\boldsymbol{\theta}^{(t)}) = \mathbf{0}$ を満たしている．これより，次の結果を得る．

系 3.8

$\ell_o(\boldsymbol{\theta})$ は $\Omega_{\boldsymbol{\theta}}$ 上で単峰 (unimodal) であり，その停留点は $\boldsymbol{\theta}^*$ のみであるとする．また，$D^{10}Q(\boldsymbol{\theta}'|\boldsymbol{\theta})$ は $\boldsymbol{\theta}'$ と $\boldsymbol{\theta}$ で連続であるとする．このとき，EM アルゴリズムが生成する任意の列 $\{\boldsymbol{\theta}^{(t)}\}_{t\geq 0}$ は $\ell_o(\boldsymbol{\theta})$ を最大化するただ 1 つの点 $\boldsymbol{\theta}^*$ に収束する．

EM アルゴリズムの適用において，定理 3.3 と系 3.8 の仮定の検証は容易であり，この 2 つの結果の利用価値は高い．

3.2 EM アルゴリズムの収束率について

EM アルゴリズムでは，$\ell_o(\boldsymbol{\theta})$ の停留点（最尤推定値）$\boldsymbol{\theta}^*$ を求めるために，非線形方程式系 $D^{10}Q(\boldsymbol{\theta}'|\boldsymbol{\theta}) = \mathbf{0}$ を解く．しかし，後で示すように，十分に大きな t かつ $\boldsymbol{\theta}^*$ の近傍において，EM アルゴリズムの振る舞いは線形反復になっている．そこで，線形方程式系の収束性に関する結果を示し，EM アルゴリズムの収束率（収束の速さ）について議論する．非線形方程式系および線形方程式系の理論的考察については，山本 (2006) や森 (2002) に詳細な記述がある．

3.2.1 線形方程式系の収束定理

線形方程式系

$$g(\boldsymbol{\theta}) = \mathbf{0}$$

の解 $\boldsymbol{\theta}^* = [\theta_1^*, \ldots, \theta_p^*]^\top$ を求める反復法では，適当な初期値 $\boldsymbol{\theta}^{(0)}$ を与え，ある線形反復

$$\boldsymbol{\theta}^{(t+1)} = A\boldsymbol{\theta}^{(t)} + \mathbf{b} \tag{3.2}$$

を用いて $\boldsymbol{\theta}^*$ に収束する列 $\{\boldsymbol{\theta}^{(t)}\}_{t\geq 0}$ を生成する．ここで，A は $p \times p$ 行列であり，$\mathbf{b}$ は $p \times 1$ ベクトルである．式 (3.2) は，$\boldsymbol{\theta}^*$ において，

$$\boldsymbol{\theta}^* = A\boldsymbol{\theta}^* + \mathbf{b} \tag{3.3}$$

である．これより，

$$\boldsymbol{\theta}^{(t+1)} - \boldsymbol{\theta}^* = A(\boldsymbol{\theta}^{(t)} - \boldsymbol{\theta}^*) \tag{3.4}$$

となり，さらに，式 (3.2) を再帰的に代入していくと，

$$\boldsymbol{\theta}^{(t+1)} - \boldsymbol{\theta}^* = A(\boldsymbol{\theta}^{(t)} - \boldsymbol{\theta}^*) = \cdots = A^{t+1}(\boldsymbol{\theta}^{(0)} - \boldsymbol{\theta}^*) \tag{3.5}$$

を得ることができる．このとき，式 (3.5) より，

$$\|\boldsymbol{\theta}^{(t+1)} - \boldsymbol{\theta}^*\| \leq \|A\|^{t+1} \cdot \|\boldsymbol{\theta}^{(0)} - \boldsymbol{\theta}^*\|$$

となるので，$\|A\| < 1$ であれば，$t \to \infty$ のとき，$\|\boldsymbol{\theta}^{(t+1)} - \boldsymbol{\theta}^*\| \to 0$ となり，$\{\boldsymbol{\theta}^{(t)}\}_{t\geq 0}$ は $\boldsymbol{\theta}^*$ に収束する．ただし，$\|A\|$ は行列 A のスペクトルノルムとする．

上記の結果より，反復 (3.2) の収束に関し，次の定理を得る．

定理 3.9

$\|A\| < 1$ であれば，任意の初期値 $\boldsymbol{\theta}^{(0)}$ に対し，反復 (3.2) は式 (3.3) の一意解に収束する．

ここで，A にある相似変換 P を施すことにより対角化できるとする．これを

$$\Lambda = P^{-1}AP \tag{3.6}$$

と書くことにする．A の固有値を $\lambda_1, \lambda_2, \ldots, \lambda_p$（重複を許す）とすると，

$$\Lambda = \begin{bmatrix} \lambda_1 & & & \text{\huge 0} \\ & \lambda_2 & & \\ & & \ddots & \\ \text{\huge 0} & & & \lambda_p \end{bmatrix} \tag{3.7}$$

であり，P は固有値ベクトルの行列である．式 (3.6) より，

$$A = P\Lambda P^{-1}$$

となるので，

$$A^t = (P\Lambda P^{-1})(P\Lambda P^{-1})\cdots(P\Lambda P^{-1}) = P\Lambda^t P^{-1}$$

である．A の**スペクトル半径** $\lambda_{\max}$ を

$$\lambda_{\max} = \max_{1 \le i \le p} |\lambda_i|$$

で定義するとき，次の定理を得る．

定理 3.10

線形反復

$$\boldsymbol{\theta} = A\boldsymbol{\theta} + \mathbf{b} \tag{3.8}$$

は一意解をもつとする．このとき，任意の初期値 $\boldsymbol{\theta}^{(0)}$ に対し，反復 (3.2) が式 (3.3) の解 $\boldsymbol{\theta}^*$ に収束するための必要十分条件は $\lambda_{\max} < 1$ である．

3.2.2　アルゴリズムの収束率

3.1.4 項で示したように，EM アルゴリズムは，尤度関数が単峰であれ

ば大域的収束するが，一般的には局所的収束を保証するアルゴリズムである．局所的収束するアルゴリズムにおいて，その**収束率** (rate of convergence) が重要になる．

アルゴリズムにより生成される $\{\boldsymbol{\theta}^{(t)}\}_{t\geq 0}$ が $\boldsymbol{\theta}^*$ に収束すると仮定する．このとき，ある正の定数 $R \in (0,1)$ とある整数 $t' \geq 0$ が存在し，任意の $t \geq t'$ に対し，

$$\|\boldsymbol{\theta}^{(t+1)} - \boldsymbol{\theta}^*\| \leq R\|\boldsymbol{\theta}^{(t)} - \boldsymbol{\theta}^*\| \tag{3.9}$$

が成り立つとき，$\{\boldsymbol{\theta}^{(t)}\}_{t\geq 0}$ は $\boldsymbol{\theta}^*$ に **1 次収束** (linear convergence) するという．定数 R が収束率であり，この値が小さい（大きい）とき，収束は速く（遅く）なる．EM アルゴリズムは 1 次収束するアルゴリズムである．

また，ある定数 $R > 0$ とある整数 $t' \geq 0$ が存在し，任意の $t \geq t'$ に対し，

$$\|\boldsymbol{\theta}^{(t+1)} - \boldsymbol{\theta}^*\| \leq R\|\boldsymbol{\theta}^{(t)} - \boldsymbol{\theta}^*\|^2$$

が成り立つとき，$\{\boldsymbol{\theta}^{(t)}\}_{t\geq 0}$ は $\boldsymbol{\theta}^*$ に **2 次収束** (quadratic convergence) するという．$\boldsymbol{\theta}^*$ の近傍において，誤差 $\|\boldsymbol{\theta}^{(t)} - \boldsymbol{\theta}^*\|$ の 2 乗に比例して誤差 $\|\boldsymbol{\theta}^{(t+1)} - \boldsymbol{\theta}^*\|$ が減少するので収束は速い．2 次収束するアルゴリズムとして，ニュートン・ラフソン法がよく知られている．

さらに，0 に収束する列 $\{R_t\}$ とある整数 $t' \geq 0$ が存在し，任意の $t \geq t'$ に対し，

$$\|\boldsymbol{\theta}^{(t+1)} - \boldsymbol{\theta}^*\| \leq R_t\|\boldsymbol{\theta}^{(t)} - \boldsymbol{\theta}^*\|$$

が成り立つとき，$\{\boldsymbol{\theta}^{(t)}\}_{t\geq 0}$ は $\boldsymbol{\theta}^*$ に**超 1 次収束** (super linear convergence) するという．準ニュートン法や共役勾配法は超 1 次収束である．

3.2.3 EM アルゴリズムの収束率

EM アルゴリズムによる $\boldsymbol{\theta}^{(t)}$ の更新を

$$\boldsymbol{\theta}^{(t+1)} = M(\boldsymbol{\theta}^{(t)}) \tag{3.10}$$

で表し，この反復により生成される $\{\boldsymbol{\theta}^{(t)}\}_{t\geq 0}$ が $\boldsymbol{\theta}^*$ に収束すると仮定す

る．このとき，$M(\boldsymbol{\theta}^{(t)})$ を $\boldsymbol{\theta}^*$ のまわりでテイラー展開すると

$$\boldsymbol{\theta}^{(t+1)} = M(\boldsymbol{\theta}^*) + DM(\boldsymbol{\theta}^*)(\boldsymbol{\theta}^{(t)} - \boldsymbol{\theta}^*) + o(\|\boldsymbol{\theta}^{(t)} - \boldsymbol{\theta}^*\|) \tag{3.11}$$

となる．ここで，$DM(\boldsymbol{\theta})$ は $M(\boldsymbol{\theta}) = [M_1(\boldsymbol{\theta}), \ldots, M_p(\boldsymbol{\theta})]^\top$ のヤコビ行列である：

$$DM(\boldsymbol{\theta}) = \begin{bmatrix} \dfrac{\partial M_1(\boldsymbol{\theta})}{\partial \theta_1} & \cdots & \dfrac{\partial M_1(\boldsymbol{\theta})}{\partial \theta_p} \\ \vdots & \ddots & \vdots \\ \dfrac{\partial M_p(\boldsymbol{\theta})}{\partial \theta_1} & \cdots & \dfrac{\partial M_p(\boldsymbol{\theta})}{\partial \theta_p} \end{bmatrix} \tag{3.12}$$

式 (3.11) において，

$$\begin{aligned} A &= DM(\boldsymbol{\theta}^*), \\ \mathbf{b} &= (I_p - DM(\boldsymbol{\theta}^*))\boldsymbol{\theta}^* + o(\|\boldsymbol{\theta}^{(t)} - \boldsymbol{\theta}^*\|) \end{aligned}$$

とすると，線形反復 (3.2) の形式で書き直すことができる：

$$\begin{aligned} \boldsymbol{\theta}^{(t+1)} &= DM(\boldsymbol{\theta}^*)\boldsymbol{\theta}^{(t)} + \left\{(I_p - DM(\boldsymbol{\theta}^*))\boldsymbol{\theta}^* + o(\|\boldsymbol{\theta}^{(t)} - \boldsymbol{\theta}^*\|)\right\} \\ &= A\boldsymbol{\theta}^{(t)} + \mathbf{b} \end{aligned}$$

ここで，I_p は $p \times p$ 単位行列である．したがって，$\boldsymbol{\theta}^*$ の近傍における EM アルゴリズムの反復 (3.10) は線形反復で近似でき，その収束は定理 3.10 に基づく．

次に，EM アルゴリズムの収束率について考える．対数尤度関数 $\ell_o(\boldsymbol{\theta}')$ と $\ell_c(\boldsymbol{\theta}')$ について，

$$\ell_o(\boldsymbol{\theta}') = \ell_c(\boldsymbol{\theta}') - \ln f(\mathbf{z}|\mathbf{y}, \boldsymbol{\theta}') \tag{3.13}$$

が成り立つ．この両辺を $\boldsymbol{\theta}'$ で 2 回偏微分し，$f(\mathbf{z}|\mathbf{y}, \boldsymbol{\theta})$ で期待値をとることで得られる

$$D^2\ell_o(\boldsymbol{\theta}') = D^{20}Q(\boldsymbol{\theta}'|\boldsymbol{\theta}) - D^{20}H(\boldsymbol{\theta}'|\boldsymbol{\theta}) \tag{3.14}$$

を $\boldsymbol{\theta}^*$ で評価する．このとき，**観測情報量** (observed information) は

$$\mathcal{I}_o(\boldsymbol{\theta}^*) = -D^2\ell_o(\boldsymbol{\theta}^*) \tag{3.15}$$

である．また，**完全情報量** (complete information) と**欠測情報量** (missing information) を

$$\mathcal{I}_c(\boldsymbol{\theta}^*) = -D^{20}Q(\boldsymbol{\theta}^*|\boldsymbol{\theta}^*), \tag{3.16}$$

$$\mathcal{I}_m(\boldsymbol{\theta}^*) = -D^{20}H(\boldsymbol{\theta}^*|\boldsymbol{\theta}^*) \tag{3.17}$$

でそれぞれ定義するとき，式 (3.14) は

$$\mathcal{I}_o(\boldsymbol{\theta}^*) = \mathcal{I}_c(\boldsymbol{\theta}^*) - \mathcal{I}_m(\boldsymbol{\theta}^*) \tag{3.18}$$

と書くことができ，この関係は**欠測情報原理** (missing information principal) と呼ばれる (Louis, 1982)．この式において，欠測情報量は $\mathbf{x}$ ではなく $\mathbf{y}$ が観測されたことで，どのくらいの情報が欠落したかを示す量 (lost information) として解釈できる．さらに，欠測情報原理は EM アルゴリズムの収束率にも関係する．Dempster et al. (1977) による

$$DM(\boldsymbol{\theta}^*) = D^{20}Q(\boldsymbol{\theta}^*|\boldsymbol{\theta}^*)^{-1}D^{20}H(\boldsymbol{\theta}^*|\boldsymbol{\theta}^*)$$

に式 (3.16) と式 (3.17) を代入することで，

$$DM(\boldsymbol{\theta}^*) = \mathcal{I}_c(\boldsymbol{\theta}^*)^{-1}\mathcal{I}_m(\boldsymbol{\theta}^*) \tag{3.19}$$

を得ることができる．これより，EM アルゴリズムの収束率 R は，$DM(\boldsymbol{\theta}^*)$ のスペクトル半径の最大値 $\lambda_{\max}$ であり，完全情報量に占める**欠測情報量の割合** (fraction of missing information) $\mathcal{I}_c(\boldsymbol{\theta}^*)^{-1}\mathcal{I}_m(\boldsymbol{\theta}^*)$ によって決定される．また，定理 3.10 より，EM アルゴリズムの反復から生成される $\{\boldsymbol{\theta}^{(t)}\}_{t\geq 0}$ が $\boldsymbol{\theta}^*$ に収束するためには，$R < 1$ でなければならず，R が 1 に近いほど収束が遅い．

Meng & Rubin (1994) は，**大域的収束率** (global rate of convergence) を

$$R_{\text{global}} = \lim_{t\to\infty} \frac{\|\boldsymbol{\theta}^{(t+1)} - \boldsymbol{\theta}^*\|}{\|\boldsymbol{\theta}^{(t)} - \boldsymbol{\theta}^*\|},$$

成分別収束率 (componentwise rate of convergence) を

$$R_i = \lim_{t\to\infty} \frac{\theta_i^{(t+1)} - \theta_i^*}{\theta_i^{(t)} - \theta_i^*} \qquad (i = 1, 2, \ldots, p)$$

でそれぞれ定義し，このとき，EM アルゴリズムの収束率が

$$R = R_{\mathrm{global}} = \max\{R_1, \ldots, R_p\}$$

で与えられることを示した．この結果より，$DM(\boldsymbol{\theta}^*)$ の固有値問題を解かなくても，$\boldsymbol{\theta}^*$ と $\{\boldsymbol{\theta}^{(t)}\}_{t\geq 0}$ から EM アルゴリズムの収束率を求めることができる．また，Meng (1994) は**大域的収束スピード** (global speed of convergence) を

$$\rho = 1 - R$$

で定義した．

【例 3.1】（2 変量正規分布モデル） 観測データに対する欠測データの比率（欠測率）が大域的収束率および反復回数にどのように影響するかを数値実験により調べる．

観測データ $\mathbf{y} = [\mathbf{y}_{\mathrm{obs}}, \mathbf{y}_{\mathrm{mis1}}, \mathbf{y}_{\mathrm{mis2}}]$ を次の手順で生成する．

Step 1: 2 変量正規分布に従う乱数データを n 個生成する：

$$\mathbf{y} = [\mathbf{y}_1, \ldots, \mathbf{y}_n]$$

Step 2: n 個のデータの中から，無作為抽出により $n\mathrm{P}_{\mathrm{mis}}$ 個を欠測データにする．ここで，$\mathrm{P}_{\mathrm{mis}}$ は欠測率である．また，欠測データを確率 0.5 で $\mathbf{y}_i = [y_{i1}, *]$ または $\mathbf{y}_i = [*, y_{i2}]$ とする．これにより，n 個のデータを $n_0 = n(1 - \mathrm{P}_{\mathrm{mis}})$ 個の完全データと $n_1 + n_2 = n\mathrm{P}_{\mathrm{mis}}$ 個の欠測データに分割する：

$$\mathbf{y}_{\mathrm{obs}} = [\mathbf{y}_1, \ldots, \mathbf{y}_{n_0}],$$

$$\mathbf{y}_{\mathrm{mis1}} = [\mathbf{y}_{n_0+1}, \ldots, \mathbf{y}_{n_0+n_1}],$$

$$\mathbf{y}_{\mathrm{mis2}} = [\mathbf{y}_{n_0+n_1+1}, \ldots, \mathbf{y}_n]$$

表 3.1 欠測率に対する大域的収束率と反復回数

$\mathrm{P_{mis}}$	大域的収束率	反復回数
0.2	0.208	6
0.3	0.309	7
0.4	0.430	10
0.5	0.504	12
0.6	0.652	19
0.7	0.720	23
0.8	0.826	38
0.9	0.920	80

この実験では，$n = 100$ とし，パラメータが

$$\boldsymbol{\mu} = \begin{bmatrix} 10 \\ 20 \end{bmatrix}, \quad \boldsymbol{\Sigma} = \begin{bmatrix} 4 & 6.4 \\ 6.4 & 16 \end{bmatrix}$$

である 2 変量正規分布 $N(\boldsymbol{\mu}, \boldsymbol{\Sigma})$ から $\mathbf{y}$ を生成した．また，$\mathrm{P_{mis}}$ を 0.2 から 0.9 まで 0.1 ずつ変化させ，Step 2 で生成した $\mathbf{y}$ に EM アルゴリズムを適用し，大域的収束率と反復回数を求めた．ここでも，EM アルゴリズムの収束判定は

$$\|\boldsymbol{\theta}^{(t+1)} - \boldsymbol{\theta}^{(t)}\|^2 < \delta = 10^{-6}$$

でおこなった．

表 3.1 は $\mathrm{P_{mis}}$ ごとの大域的収束率と収束までの反復回数をまとめたものであり，図 3.1 と図 3.2 はそれをプロットしたものである．表 3.1 より，$\mathrm{P_{mis}}$ の値が大きくなるに従い，大域的収束率の値も大きくなること，そして，反復回数も増加していくことがわかる．また，$\mathrm{P_{mis}}$ の値に対し，大域的収束率の値は線形で増加しているが，反復回数の増加は線形ではないことが図 3.1 および図 3.2 から確認できる．

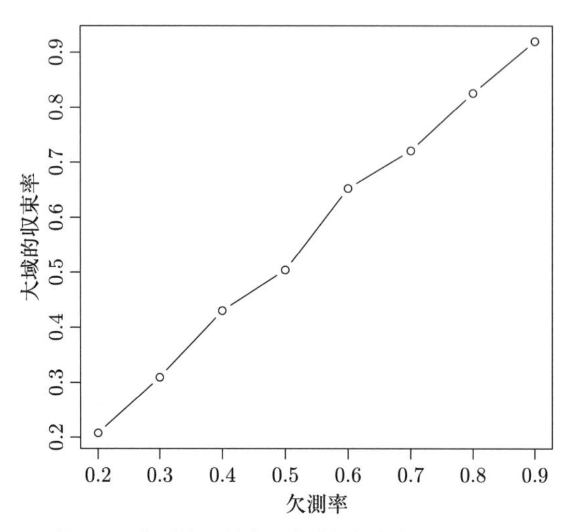

図 3.1　欠測率に対する大域的収束率のプロット

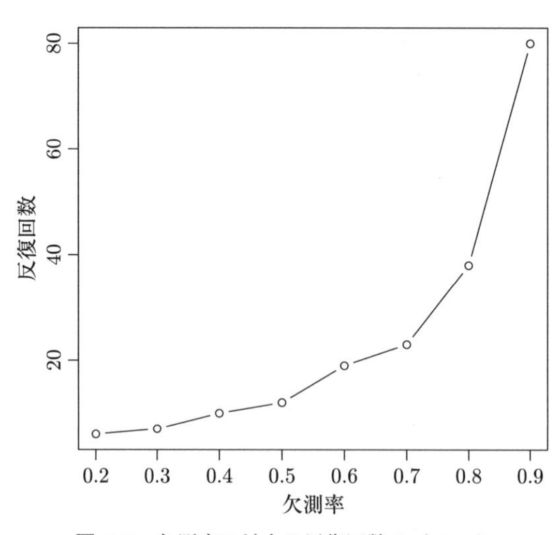

図 3.2　欠測率に対する反復回数のプロット

第 4 章

漸近分散共分散行列の計算

4.1 最尤推定値の漸近分散共分散行列の計算

最尤推定値 $\boldsymbol{\theta}^*$ の**漸近分散共分散行列** $\mathrm{V}_o[\boldsymbol{\theta}^*]$ は，最尤推定量の漸近正規性に基づき，観測情報量 $\mathcal{I}_o(\boldsymbol{\theta}^*) = -D^2\ell_o(\boldsymbol{\theta}^*)$ の逆行列から求めることができる (Cox & Hinkley, 1974)：

$$\mathrm{V}_o[\boldsymbol{\theta}^*] = \mathcal{I}_o(\boldsymbol{\theta}^*)^{-1} \tag{4.1}$$

しかし，EM アルゴリズムの反復において $D^2\ell_o(\boldsymbol{\theta}^*)$ を計算しないため，漸近分散共分散行列を直接求めることができない．一方で，このことが EM アルゴリズムの数値解法としての安定性とプログラムの容易さという優れた特性の要因となっているという事実もある．式 (4.1) が示すように，漸近分散共分散行列は $\boldsymbol{\theta}^*$ を $\mathcal{I}_o(\boldsymbol{\theta})$ に代入して求めることができるが，EM アルゴリズムの適用場面の多くは $D\ell_o(\boldsymbol{\theta}) = \mathbf{0}$ の解法が困難な場合であり，$\mathcal{I}_o(\boldsymbol{\theta})$ の計算も容易ではないことが多い．そこで，EM アルゴリズムの枠組みの中で $\mathcal{I}_o(\boldsymbol{\theta}^*)$ を計算する方法が提案されている．

ここでは，$\mathrm{V}_o[\boldsymbol{\theta}^*]$ の計算法として，Louis (1982) の方法とブートストラップ法を紹介する．これらの他にも，Meng & Rubin (1991) による Supplement EM アルゴリズムがある．さらに，ブートストラップ法による $\boldsymbol{\theta}$ の信頼区間の計算法を示す．

4.1.1 Louis (1982) の方法

Louis (1982) は $\ell_c(\boldsymbol{\theta}')$ の勾配ベクトル $D\ell_c(\boldsymbol{\theta}')$ とヘッセ行列 $D^2\ell_c(\boldsymbol{\theta}')$ を用いて観測情報量を計算する方法を示した．式 (3.13) より，対数尤度関数 $\ell_o(\boldsymbol{\theta})$ と $\ell_c(\boldsymbol{\theta})$ には

$$\ell_o(\boldsymbol{\theta}) = \ell_c(\boldsymbol{\theta}) - \ln f(\mathbf{z}|\mathbf{y}, \boldsymbol{\theta})$$

という関係式が成り立ち，両辺を $\boldsymbol{\theta}$ に関して偏微分すると

$$D\ell_o(\boldsymbol{\theta}) = D\ell_c(\boldsymbol{\theta}) - D\ln f(\mathbf{z}|\mathbf{y}, \boldsymbol{\theta})$$

となる．さらに，$f(\mathbf{z}|\mathbf{y}, \boldsymbol{\theta})$ を用いて，この両辺で条件付き期待値をとると，

$$\begin{aligned}
&\int_{\Omega_{\mathbf{z}}} D\ell_o(\boldsymbol{\theta}) f(\mathbf{z}|\mathbf{y}, \boldsymbol{\theta}) d\mathbf{z} \\
&\quad = \int_{\Omega_{\mathbf{z}}} D\ell_c(\boldsymbol{\theta}) f(\mathbf{z}|\mathbf{y}, \boldsymbol{\theta}) d\mathbf{z} - \int_{\Omega_{\mathbf{z}}} D\ln f(\mathbf{z}|\mathbf{y}, \boldsymbol{\theta}) f(\mathbf{z}|\mathbf{y}, \boldsymbol{\theta}) d\mathbf{z}
\end{aligned}$$

を得る．ここで，微分と積分の順序交換が可能であると仮定すると，

$$\begin{aligned}
D\ell_o(\boldsymbol{\theta}) &= \int_{\Omega_{\mathbf{z}}} D\ell_c(\boldsymbol{\theta}) f(\mathbf{z}|\mathbf{y}, \boldsymbol{\theta}) d\mathbf{z} - \int_{\Omega_{\mathbf{z}}} D\ln f(\mathbf{z}|\mathbf{y}, \boldsymbol{\theta}) f(\mathbf{z}|\mathbf{y}, \boldsymbol{\theta}) d\mathbf{z} \\
&= \mathrm{E}\left[D\ell_c(\boldsymbol{\theta}) \middle| \mathbf{y}, \boldsymbol{\theta} \right] - D\int_{\Omega_{\mathbf{z}}} f(\mathbf{z}|\mathbf{y}, \boldsymbol{\theta}) d\mathbf{z} \\
&= \mathrm{E}\left[D\ell_c(\boldsymbol{\theta}) \middle| \mathbf{y}, \boldsymbol{\theta} \right]
\end{aligned}$$

より，

$$D\ell_o(\boldsymbol{\theta}) = \mathrm{E}\left[D\ell_c(\boldsymbol{\theta}) \middle| \mathbf{y}, \boldsymbol{\theta} \right] \tag{4.2}$$

が成り立つ．式 (4.2) の両辺を $\boldsymbol{\theta}$ に関して偏微分する：

$$D^2\ell_o(\boldsymbol{\theta}) = \frac{\partial}{\partial \boldsymbol{\theta}} \int_{\Omega_{\mathbf{z}}} \frac{\partial \ell_c(\boldsymbol{\theta})}{\partial \boldsymbol{\theta}^\top} f(\mathbf{z}|\mathbf{y}, \boldsymbol{\theta}) d\mathbf{z} \tag{4.3}$$

このとき，

$$
\begin{aligned}
\text{右辺} &= \int_{\Omega_{\mathbf{z}}} D^2\ell_c(\boldsymbol{\theta}) f(\mathbf{z}|\mathbf{y},\boldsymbol{\theta}) d\mathbf{z} + \int_{\Omega_{\mathbf{z}}} \{D\ell_c(\boldsymbol{\theta})\} \{Df(\mathbf{z}|\mathbf{y},\boldsymbol{\theta})\}^\top d\mathbf{z} \\
&= \int_{\Omega_{\mathbf{z}}} D^2\ell_c(\boldsymbol{\theta}) f(\mathbf{z}|\mathbf{y},\boldsymbol{\theta}) d\mathbf{z} \\
&\quad + \int_{\Omega_{\mathbf{z}}} \{D\ell_c(\boldsymbol{\theta})\} \left\{ \frac{1}{f(\mathbf{z}|\mathbf{y},\boldsymbol{\theta})} Df(\mathbf{z}|\mathbf{y},\boldsymbol{\theta}) \right\}^\top f(\mathbf{z}|\mathbf{y},\boldsymbol{\theta}) d\mathbf{z}
\end{aligned}
$$

となる．ここで，右辺の第 1 項は

$$
\mathrm{E}\left[D^2\ell_c(\boldsymbol{\theta}) \middle| \mathbf{y},\boldsymbol{\theta} \right] = D^{20}Q(\boldsymbol{\theta}|\boldsymbol{\theta}) \tag{4.4}
$$

である．また，第 2 項は

$$
\begin{aligned}
&\int_{\Omega_{\mathbf{z}}} \{D\ell_c(\boldsymbol{\theta})\} \{D\ln f(\mathbf{z}|\mathbf{y},\boldsymbol{\theta})\}^\top f(\mathbf{z}|\mathbf{y},\boldsymbol{\theta}) d\mathbf{z} \\
&= \int_{\Omega_{\mathbf{z}}} \{D\ell_c(\boldsymbol{\theta})\} \{D\ell_c(\boldsymbol{\theta}) - D\ell_o(\boldsymbol{\theta})\}^\top f(\mathbf{z}|\mathbf{y},\boldsymbol{\theta}) d\mathbf{z} \\
&= \int_{\Omega_{\mathbf{z}}} \{D\ell_c(\boldsymbol{\theta})\} \{D\ell_c(\boldsymbol{\theta})\}^\top f(\mathbf{z}|\mathbf{y},\boldsymbol{\theta}) d\mathbf{z} \\
&\quad - \int_{\Omega_{\mathbf{z}}} \{D\ell_c(\boldsymbol{\theta})\} \{D\ell_o(\boldsymbol{\theta})\}^\top f(\mathbf{z}|\mathbf{y},\boldsymbol{\theta}) d\mathbf{z} \\
&= \mathrm{E}\left[\{D\ell_c(\boldsymbol{\theta})\} \{D\ell_c(\boldsymbol{\theta})\}^\top \middle| \mathbf{y},\boldsymbol{\theta} \right] \\
&\quad - \left\{ \int_{\Omega_{\mathbf{z}}} D\ell_c(\boldsymbol{\theta}) f(\mathbf{z}|\mathbf{y},\boldsymbol{\theta}) d\mathbf{z} \right\} \{D\ell_o(\boldsymbol{\theta})\}^\top \\
&= \mathrm{E}\left[\{D\ell_c(\boldsymbol{\theta})\} \{D\ell_c(\boldsymbol{\theta})\}^\top \middle| \mathbf{y},\boldsymbol{\theta} \right] - \mathrm{E}\left[D\ell_c(\boldsymbol{\theta}) \middle| \mathbf{y},\boldsymbol{\theta} \right] \{D\ell_o(\boldsymbol{\theta})\}^\top
\end{aligned}
$$

となる．式 (4.2) より，

$$
D\ell_o(\boldsymbol{\theta}) = \mathrm{E}\left[D\ell_c(\boldsymbol{\theta}) \middle| \mathbf{y},\boldsymbol{\theta} \right]
$$

であり，

$$
\int_{\Omega_{\mathbf{z}}} \{D\ell_c(\boldsymbol{\theta})\} \{D\ln f(\mathbf{z}|\mathbf{y},\boldsymbol{\theta})\}^\top f(\mathbf{z}|\mathbf{y},\boldsymbol{\theta}) d\mathbf{z} = \mathrm{V}\left[D\ell_o(\boldsymbol{\theta}) \middle| \mathbf{y},\boldsymbol{\theta} \right] \tag{4.5}
$$

となる．したがって，式 (4.4) と式 (4.5) から，式 (4.3) は

$$D^2\ell_o(\boldsymbol{\theta}^*) = D^{20}Q(\boldsymbol{\theta}^*|\boldsymbol{\theta}^*) + \mathrm{V}\left[D\ell_c(\boldsymbol{\theta}^*)\Big|\mathbf{y}, \boldsymbol{\theta}^*\right]$$

となり，$\boldsymbol{\theta}^*$ が与えられたもとでの観測情報量 (3.15) は

$$\mathcal{I}_o(\boldsymbol{\theta}^*) = -D^{20}Q(\boldsymbol{\theta}^*|\boldsymbol{\theta}^*) - \mathrm{V}\left[D\ell_c(\boldsymbol{\theta}^*)\Big|\mathbf{y}, \boldsymbol{\theta}^*\right] \tag{4.6}$$

によって求めることができる．また，$D\ell_c(\boldsymbol{\theta}^*) = \mathbf{0}$ より，

$$\mathcal{I}_o(\boldsymbol{\theta}^*) = -D^{20}Q(\boldsymbol{\theta}^*|\boldsymbol{\theta}^*) - \mathrm{E}\left[\{D\ell_c(\boldsymbol{\theta}^*)\}\{D\ell_c(\boldsymbol{\theta}^*)\}^\top\Big|\mathbf{y}, \boldsymbol{\theta}^*\right] \tag{4.7}$$

からも得ることができる．これより，$\mathrm{V}_o[\boldsymbol{\theta}^*]$ は式 (4.6) または式 (4.7) から計算される $\mathcal{I}_o(\boldsymbol{\theta}^*)$ の逆行列から求めることができる：

$$\mathrm{V}_o[\boldsymbol{\theta}^*] = \mathcal{I}_o(\boldsymbol{\theta}^*)^{-1}$$

式 (4.4) と式 (4.5) の解析的な計算が困難である場合の式 (4.6) による $\mathcal{I}_o(\boldsymbol{\theta}^*)$ の計算法を考える．確率密度関数に $f(\mathbf{z}|\mathbf{y}, \boldsymbol{\theta})$ をもつ予測分布から乱数データ $\mathbf{z}^{(1)}, \ldots, \mathbf{z}^{(L)}$ の生成が可能であり，疑似完全データ $\mathbf{x}^{(1)}, \ldots,$ $\mathbf{x}^{(L)}$ を得ることができるとする．ここで，$\mathbf{x}^{(l)} = [\mathbf{y}, \mathbf{z}^{(l)}]^\top$ である．このとき，$\mathbf{x}^{(1)}, \ldots, \mathbf{x}^{(L)}$ を用いて，**モンテカルロ近似**により $\mathcal{I}_o(\boldsymbol{\theta}^*)$ を求める．式 (4.4) の**モンテカルロ法**による近似計算は

$$D^{20}Q(\boldsymbol{\theta}^*|\boldsymbol{\theta}^*) \approx \frac{1}{L}\sum_{l=1}^{L} D^2 \ln f(\mathbf{x}^{(l)}|\boldsymbol{\theta}^*)$$

によりおこなうことができる．同様にして，式 (4.5) のモンテカルロ近似は

$$\begin{aligned}
&\mathrm{V}\left[D\ell_o(\boldsymbol{\theta}^*)\Big|\mathbf{y}, \boldsymbol{\theta}^*\right] \\
&\approx \frac{1}{L}\sum_{l=1}^{L}\left\{D\ln f(\mathbf{x}^{(l)}|\boldsymbol{\theta}^*)\right\}\left\{D\ln f(\mathbf{x}^{(l)}|\boldsymbol{\theta}^*)\right\}^\top \\
&\quad -\frac{1}{L^2}\left\{\sum_{l=1}^{L} D\ln f(\mathbf{x}^{(l)}|\boldsymbol{\theta}^*)\right\}\left\{\sum_{l=1}^{L} D\ln f(\mathbf{x}^{(l)}|\boldsymbol{\theta}^*)\right\}^\top
\end{aligned}$$

である．これより，式 (4.6) のモンテカルロ近似は次の手順でおこなうことができる：

Step 1: $\boldsymbol{\theta}^*$ が与えられたとき，$\mathbf{z}$ の従う予測分布から乱数データ $\mathbf{z}^{(1)},\ldots,\mathbf{z}^{(L)}$ を生成し，$\mathbf{x}^{(1)},\ldots,\mathbf{x}^{(L)}$ を得る．

Step 2: モンテカルロ近似により，

$$
\begin{aligned}
&\mathcal{I}_o(\boldsymbol{\theta}^*)\\
&\quad\approx -\frac{1}{L}\sum_{l=1}^{L} D^2 \ln f(\mathbf{x}^{(l)}|\boldsymbol{\theta}^*)\\
&\qquad -\frac{1}{L}\sum_{l=1}^{L}\left\{D\ln f(\mathbf{x}^{(l)}|\boldsymbol{\theta}^*)\right\}\left\{D\ln f(\mathbf{x}^{(l)}|\boldsymbol{\theta}^*)\right\}^{\top}\\
&\qquad +\frac{1}{L^2}\left\{\sum_{l=1}^{L} D\ln f(\mathbf{x}^{(l)}|\boldsymbol{\theta}^*)\right\}\left\{\sum_{l=1}^{L} D\ln f(\mathbf{x}^{(l)}|\boldsymbol{\theta}^*)\right\}^{\top} \qquad (4.8)
\end{aligned}
$$

を計算する．

モンテカルロ近似において，推定値の精度は $\sqrt{L}$ に比例する．したがって，精度の高い推定値を得るためには十分に大きな L を設定する必要がある．この方法による $\mathrm{V}_o(\boldsymbol{\theta}^*)$ の計算は，5.2 節の Monte Carlo EM アルゴリズムで用いることができる．

●多項分布モデル

表 1.2 の分割表で与えられる多項分布モデルに対する観測情報量を求める．観測データ $\mathbf{y}_{\mathrm{mis1}}$ と $\mathbf{y}_{\mathrm{mis2}}$ の欠測部分を埋めたデータ

$$
\tilde{\mathbf{y}}_{\mathrm{mis1}} = \left\{\tilde{r}_{ij} \;\middle|\; \sum_{j=1,2}\tilde{r}_{ij} = r_i\right\}, \qquad \tilde{\mathbf{y}}_{\mathrm{mis2}} = \left\{\tilde{c}_{ij} \;\middle|\; \sum_{i=1,2}\tilde{c}_{ij} = c_j\right\}
$$

が与えられたときの完全データを $\mathbf{x} = \mathbf{y}_{\mathrm{obs}} + \tilde{\mathbf{y}}_{\mathrm{mis1}} + \tilde{\mathbf{y}}_{\mathrm{mis2}}$ で表すことにする．ここで，$x_{ij} = y_{ij} + \tilde{r}_{ij} + \tilde{c}_{ij}\ (i,j=1,2)$ である．また，$\theta_{22} = 1-\theta_{11}-\theta_{12}-\theta_{21}$ であるので，$\mathbf{x}$ に対する対数尤度関数は

$$
\ell_c(\boldsymbol{\theta}) = x_{11}\ln\theta_{11} + x_{12}\ln\theta_{12} + x_{21}\ln\theta_{21} + x_{22}\ln(1-\theta_{11}-\theta_{12}-\theta_{21}) \tag{4.9}
$$

で与えられる．関数 (4.9) の勾配ベクトルとヘッセ行列は

$$D\ell_c(\boldsymbol{\theta}) = \begin{bmatrix} \dfrac{\partial \ell_c(\boldsymbol{\theta})}{\partial \theta_{11}} \\ \dfrac{\partial \ell_c(\boldsymbol{\theta})}{\partial \theta_{12}} \\ \dfrac{\partial \ell_c(\boldsymbol{\theta})}{\partial \theta_{21}} \end{bmatrix} = \begin{bmatrix} \dfrac{x_{11}}{\theta_{11}} - \dfrac{x_{22}}{\theta_{22}} \\ \dfrac{x_{12}}{\theta_{12}} - \dfrac{x_{22}}{\theta_{22}} \\ \dfrac{x_{21}}{\theta_{21}} - \dfrac{x_{22}}{\theta_{22}} \end{bmatrix}, \tag{4.10}$$

$$\begin{aligned} D^2\ell_c(\boldsymbol{\theta}) &= \begin{bmatrix} \dfrac{\partial^2 \ell_c(\boldsymbol{\theta})}{\partial \theta_{11}^2} & \dfrac{\partial^2 \ell_c(\boldsymbol{\theta})}{\partial \theta_{11}\partial \theta_{12}} & \dfrac{\partial^2 \ell_c(\boldsymbol{\theta})}{\partial \theta_{11}\partial \theta_{21}} \\ \dfrac{\partial^2 \ell_c(\boldsymbol{\theta})}{\partial \theta_{11}\partial \theta_{12}} & \dfrac{\partial^2 \ell_c(\boldsymbol{\theta})}{\partial \theta_{12}^2} & \dfrac{\partial^2 \ell_c(\boldsymbol{\theta})}{\partial \theta_{12}\partial \theta_{21}} \\ \dfrac{\partial^2 \ell_c(\boldsymbol{\theta})}{\partial \theta_{11}\partial \theta_{21}} & \dfrac{\partial^2 \ell_c(\boldsymbol{\theta})}{\partial \theta_{12}\partial \theta_{21}} & \dfrac{\partial^2 \ell_c(\boldsymbol{\theta})}{\partial \theta_{21}^2} \end{bmatrix} \\ &= \begin{bmatrix} -\dfrac{x_{11}}{\theta_{11}^2} - \dfrac{x_{22}}{\theta_{22}^2} & -\dfrac{x_{22}}{\theta_{22}^2} & -\dfrac{x_{22}}{\theta_{22}^2} \\ -\dfrac{x_{22}}{\theta_{22}^2} & -\dfrac{x_{12}}{\theta_{12}^2} - \dfrac{x_{22}}{\theta_{22}^2} & -\dfrac{x_{22}}{\theta_{22}^2} \\ -\dfrac{x_{22}}{\theta_{22}^2} & -\dfrac{x_{22}}{\theta_{22}^2} & -\dfrac{x_{21}}{\theta_{21}^2} - \dfrac{x_{22}}{\theta_{22}^2} \end{bmatrix} \end{aligned} \tag{4.11}$$

となる．これより，$D^{20}Q(\boldsymbol{\theta}'|\boldsymbol{\theta})$ の各成分は

$$\begin{aligned} &\mathrm{E}\left[\frac{\partial^2}{\partial \theta_{ij}'^2}\ell_c(\boldsymbol{\theta}')\middle|\mathbf{y},\boldsymbol{\theta}\right] \\ &\quad = -\frac{1}{\theta_{ij}'^2}\left\{y_{ij} + \theta_{ij}\left(\frac{r_i}{\theta_{i+}} + \frac{c_j}{\theta_{+j}}\right)\right\} - \frac{1}{\theta_{22}'^2}\left\{y_{22} + \theta_{22}\left(\frac{r_2}{\theta_{2+}} + \frac{c_2}{\theta_{+2}}\right)\right\}, \\ &\mathrm{E}\left[\frac{\partial^2}{\partial \theta_{ij}'\partial \theta_{kl}'}\ell_c(\boldsymbol{\theta}')\middle|\mathbf{y},\boldsymbol{\theta}\right] \\ &\quad = -\frac{1}{\theta_{22}'^2}\left\{y_{22} + \theta_{22}\left(\frac{r_2}{\theta_{2+}} + \frac{c_2}{\theta_{+2}}\right)\right\} \quad ((i,j) \neq (k,l)) \end{aligned}$$

で求めることができる．また，$\mathrm{V}[D\ell_c(\boldsymbol{\theta}')|\mathbf{y},\boldsymbol{\theta}]$ の各成分は，分散を Var，共分散を Cov で表すとき，

$$\begin{aligned} &\mathrm{Var}\left[\frac{\partial \ell_c(\boldsymbol{\theta}')}{\partial \theta_{11}}\middle|\mathbf{y},\boldsymbol{\theta}\right] \\ &\quad = \frac{\theta_{11}}{\theta_{11}'^2}\left(\frac{r_1\theta_{12}}{\theta_{1+}^2} + \frac{c_1\theta_{21}}{\theta_{+1}^2}\right) + \frac{\theta_{22}}{\theta_{22}'^2}\left(\frac{r_2\theta_{21}}{\theta_{2+}^2} + \frac{c_2\theta_{12}}{\theta_{+2}^2}\right), \end{aligned}$$

$$
\begin{aligned}
&\mathrm{Var}\left[\frac{\partial \ell_c(\boldsymbol{\theta}')}{\partial \theta_{12}}\middle|\mathbf{y},\boldsymbol{\theta}\right]\\
&\quad=\frac{\theta_{12}}{\theta_{12}'^2}\left(\frac{r_1\theta_{11}}{\theta_{1+}^2}+\frac{c_2\theta_{22}}{\theta_{+2}^2}\right)+\frac{\theta_{22}}{\theta_{22}'^2}\left(\frac{r_2\theta_{21}}{\theta_{2+}^2}+\frac{c_2\theta_{12}}{\theta_{+2}^2}\right)+2\frac{\theta_{12}\theta_{22}}{\theta_{12}'\theta_{22}'}\frac{c_2}{\theta_{+2}^2},\\
&\mathrm{Var}\left[\frac{\partial \ell_c(\boldsymbol{\theta}')}{\partial \theta_{21}}\middle|\mathbf{y},\boldsymbol{\theta}\right]\\
&\quad=\frac{\theta_{21}}{\theta_{21}'^2}\left(\frac{r_2\theta_{22}}{\theta_{2+}^2}+\frac{c_1\theta_{11}}{\theta_{+1}^2}\right)+\frac{\theta_{22}}{\theta_{22}'^2}\left(\frac{r_2\theta_{21}}{\theta_{2+}^2}+\frac{c_2\theta_{12}}{\theta_{+2}^2}\right)+2\frac{\theta_{21}\theta_{22}}{\theta_{21}'\theta_{22}'}\frac{r_2}{\theta_{2+}^2},\\
&\mathrm{Cov}\left[\frac{\partial \ell_c(\boldsymbol{\theta}')}{\partial \theta_{11}},\frac{\partial \ell_c(\boldsymbol{\theta}')}{\partial \theta_{12}}\middle|\mathbf{y},\boldsymbol{\theta}\right]\\
&\quad=-\frac{\theta_{11}\theta_{12}}{\theta_{11}'\theta_{12}'}\frac{r_1}{\theta_{1+}^2}+\frac{\theta_{12}\theta_{22}}{\theta_{12}'\theta_{22}'}\frac{c_2}{\theta_{+2}^2}+\frac{\theta_{22}}{\theta_{22}'^2}\left(\frac{r_2\theta_{21}}{\theta_{2+}^2}+\frac{c_2\theta_{12}}{\theta_{+2}^2}\right),\\
&\mathrm{Cov}\left[\frac{\partial \ell_c(\boldsymbol{\theta}')}{\partial \theta_{11}},\frac{\partial \ell_c(\boldsymbol{\theta}')}{\partial \theta_{21}}\middle|\mathbf{y},\boldsymbol{\theta}\right]\\
&\quad=-\frac{\theta_{11}\theta_{21}}{\theta_{11}'\theta_{21}'}\frac{c_1}{\theta_{+1}^2}+\frac{\theta_{21}\theta_{22}}{\theta_{21}'\theta_{22}'}\frac{r_2}{\theta_{2+}^2}+\frac{\theta_{22}}{\theta_{22}'^2}\left(\frac{r_2\theta_{21}}{\theta_{2+}^2}+\frac{c_2\theta_{12}}{\theta_{+2}^2}\right),\\
&\mathrm{Cov}\left[\frac{\partial \ell_c(\boldsymbol{\theta}')}{\partial \theta_{12}},\frac{\partial \ell_c(\boldsymbol{\theta}')}{\partial \theta_{21}}\middle|\mathbf{y},\boldsymbol{\theta}\right]\\
&\quad=\frac{\theta_{12}\theta_{22}}{\theta_{12}'\theta_{22}'}\frac{c_2}{\theta_{+2}^2}+\frac{\theta_{21}\theta_{22}}{\theta_{21}'\theta_{22}'}\frac{r_2}{\theta_{2+}^2}+\frac{\theta_{22}}{\theta_{22}'^2}\left(\frac{r_2\theta_{21}}{\theta_{2+}^2}+\frac{c_2\theta_{12}}{\theta_{+2}^2}\right)
\end{aligned}
$$

である．$\boldsymbol{\theta}^*$ が与えられたとき，

$$
\begin{aligned}
&\mathcal{I}_o(\boldsymbol{\theta}^*)\\
&\quad=-D^{20}Q(\boldsymbol{\theta}^*|\boldsymbol{\theta}^*)-\mathrm{V}[D\ell_c(\boldsymbol{\theta}^*)|\mathbf{y},\boldsymbol{\theta}^*]\\
&\quad=\begin{bmatrix}
\displaystyle\sum_{i=1,2}\frac{y_{ii}}{\theta_{ii}^{*2}}+\frac{r_i}{\theta_{i+}^{*2}}+\frac{c_i}{\theta_{+i}^{*2}} & \displaystyle\frac{y_{22}}{\theta_{22}^{*2}}+\sum_{i=1,2}\frac{r_i}{\theta_{i+}^{*2}} & \displaystyle\frac{y_{22}}{\theta_{22}^{*2}}+\sum_{i=1,2}\frac{c_i}{\theta_{+i}^{*2}}\\
\displaystyle\frac{y_{22}}{\theta_{22}^{*2}}+\sum_{i=1,2}\frac{r_i}{\theta_{i+}^{*2}} & \displaystyle\sum_{i=1,2}\frac{y_{i2}}{\theta_{i2}^{*2}}+\frac{r_i}{\theta_{i+}^{*2}} & \displaystyle\frac{y_{22}}{\theta_{22}^{*2}}\\
\displaystyle\frac{y_{22}}{\theta_{22}^{*2}}+\sum_{i=1,2}\frac{c_i}{\theta_{+i}^{*2}} & \displaystyle\frac{y_{22}}{\theta_{22}^{*2}} & \displaystyle\sum_{i=1,2}\frac{y_{2i}}{\theta_{2i}^{*2}}+\frac{c_i}{\theta_{+i}^{*2}}
\end{bmatrix}
\end{aligned}
\tag{4.12}
$$

となり，

$$
\mathrm{V}_o\left[\boldsymbol{\theta}^*\right]=\mathcal{I}_o(\boldsymbol{\theta}^*)^{-1}
$$

を得ることができる．

次に，モンテカルロ近似による $\mathrm{V}_o[\boldsymbol{\theta}^*]$ の計算法を示す．式 (2.7) と式 (2.8) から，$\tilde{\mathbf{y}}_{\mathrm{mis1}}$ と $\tilde{\mathbf{y}}_{\mathrm{mis2}}$ の従う予測分布は積2項分布である．これより，乱数

$$
\begin{aligned}
\tilde{r}_{11}^{(1)}, \ldots, \tilde{r}_{11}^{(L)} &\sim \mathrm{Bi}\left(r_1, \frac{\theta_{11}^*}{\theta_{1+}^*}\right), \\
\tilde{r}_{21}^{(1)}, \ldots, \tilde{r}_{21}^{(L)} &\sim \mathrm{Bi}\left(r_2, \frac{\theta_{21}^*}{\theta_{1+}^*}\right), \\
\tilde{c}_{11}^{(1)}, \ldots, \tilde{c}_{11}^{(L)} &\sim \mathrm{Bi}\left(c_1, \frac{\theta_{11}^*}{\theta_{+1}^*}\right), \\
\tilde{c}_{12}^{(1)}, \ldots, \tilde{c}_{12}^{(L)} &\sim \mathrm{Bi}\left(c_2, \frac{\theta_{12}^*}{\theta_{+2}^*}\right)
\end{aligned}
$$

を生成し，$\tilde{\mathbf{y}}_{\mathrm{mis1}}^{(1)}, \ldots, \tilde{\mathbf{y}}_{\mathrm{mis1}}^{(L)}$ および $\tilde{\mathbf{y}}_{\mathrm{mis2}}^{(1)}, \ldots, \tilde{\mathbf{y}}_{\mathrm{mis2}}^{(L)}$ を得る．ここで，

$$
\begin{aligned}
\tilde{\mathbf{y}}_{\mathrm{mis1}}^{(l)} &= [\tilde{r}_{11}^{(l)}, \tilde{r}_{12}^{(l)}, \tilde{r}_{21}^{(l)}, \tilde{r}_{22}^{(l)}]^\top = [\tilde{r}_{11}^{(l)}, r_1 - \tilde{r}_{11}^{(l)}, \tilde{r}_{21}^{(l)}, r_2 - \tilde{r}_{21}^{(l)}]^\top, \\
\tilde{\mathbf{y}}_{\mathrm{mis2}}^{(l)} &= [\tilde{c}_{11}^{(l)}, \tilde{c}_{12}^{(l)}, \tilde{c}_{21}^{(l)}, \tilde{c}_{22}^{(l)}]^\top = [\tilde{c}_{11}^{(l)}, \tilde{c}_{12}^{(l)}, c_1 - \tilde{c}_{11}^{(l)}, c_2 - \tilde{c}_{12}^{(l)}]^\top
\end{aligned}
$$

であり，$\mathbf{x}^{(l)} = \mathbf{y}_{\mathrm{obs}} + \tilde{\mathbf{y}}_{\mathrm{mis1}}^{(l)} + \tilde{\mathbf{y}}_{\mathrm{mis2}}^{(l)}$ とする．式 (4.10) と式 (4.11) に $\mathbf{x}^{(1)}, \ldots, \mathbf{x}^{(L)}$ を代入し，モンテカルロ近似 (4.8) により $\mathcal{I}_o(\boldsymbol{\theta}^*)$ を求める．

【例 4.1】（多項分布モデル）　表 2.1 の分割表における $\boldsymbol{\theta}^*$ の $\mathrm{V}_o[\boldsymbol{\theta}^*]$ を計算する．例 2.1 で求めた

$$
\boldsymbol{\theta}^* = [0.35633, 0.10054, 0.30187, 0.24126]^\top
$$

を式 (4.12) に代入し逆行列を計算したとき，

$$
\mathrm{V}_o[\boldsymbol{\theta}^*] = \begin{bmatrix} 9.900538 & -3.271153 & -7.490555 \\ -3.271153 & 4.951821 & 1.357432 \\ -7.490555 & 1.357432 & 12.722872 \end{bmatrix} \times 10^{-4}
$$

となった．また，$L = 10^6$ としたモンテカルロ法による推定では

$$\mathrm{V}_o\left[\boldsymbol{\theta}^*\right] = \begin{bmatrix} 9.934579 & -3.296893 & -7.539608 \\ -3.296893 & 4.976634 & 1.393037 \\ -7.539608 & 1.393037 & 12.790564 \end{bmatrix} \times 10^{-4}$$

となり，この近似計算でも十分に精度の高い値を求めることができる．$D\ell_c(\boldsymbol{\theta})$ と $D^2\ell_c(\boldsymbol{\theta})$ の計算が比較的容易であるとき，モンテカルロ近似を代用することで Louis (1982) の方法による $\mathrm{V}_o\left[\boldsymbol{\theta}^*\right]$ の推定をおこなうことができる．

4.1.2 ブートストラップ法

Efron (1979) による**ブートストラップ法** (bootstrap method) も $\mathrm{V}_o\left[\boldsymbol{\theta}^*\right]$ の推定に用いることができる．ブートストラップ法は，$\mathbf{y}$ からの復元抽出により疑似観測データを生成し $\mathrm{V}_o\left[\boldsymbol{\theta}^*\right]$ を計算するリサンプリング法であり，解析的アプローチの困難な統計的推測問題に対して有効である．ブートスラップ法には，$\mathbf{y}$ の従う確率分布を仮定しないノンパラメトリックブートストラップ法と，それを仮定するパラメトリックブートストラップ法がある．ここでは，ノンパラメトリックブートストラップ法を考える．ブートストラップ法の著書として，Efron & Tibshirani (1993) や小西ら (2008)，汪・桜井 (2011) などがある．

ブートストラップ法では，$\mathbf{y}$ の従う確率分布の分布関数 $G(\mathbf{y})$ を経験分布関数 $\hat{G}(\mathbf{y})$ で置き換え，これから疑似観測データを生成する．ここで，$\hat{G}(\mathbf{y})$ は $\mathbf{y} = [\mathbf{y}_1, \ldots, \mathbf{y}_n]$ の n 個の標本点 $\mathbf{y}_1, \ldots, \mathbf{y}_n$ に等確率 $1/n$ を与えることによって求めることができる．$\hat{G}(\mathbf{y})$ に従う無作為標本を復元抽出したものを**ブートストラップ標本**といい，標本サイズ n のブートストラップ標本の値を $\tilde{\mathbf{y}} = [\tilde{\mathbf{y}}_1, \ldots, \tilde{\mathbf{y}}_n]$ と書くことにする．

ブートストラップ反復回数 (bootstrap replication number) を B とし，その b 回目のリサンプリングで得られた $\tilde{\mathbf{y}}^{(b)}$ からの $\boldsymbol{\theta}$ の最尤推定値を $\boldsymbol{\theta}^{*(b)} = \boldsymbol{\theta}^*(\tilde{\mathbf{y}}^{(b)})$ で表すとき，$\mathrm{V}_o\left[\boldsymbol{\theta}^*\right]$ の推定値 $\mathrm{V}_{\mathrm{boot}}\left[\boldsymbol{\theta}^*\right]$ をモンテカルロ近似

$$\mathrm{V}_{\mathrm{boot}}[\boldsymbol{\theta}^*] = \frac{1}{B-1}\sum_{b=1}^{B}(\boldsymbol{\theta}^{*(b)} - \bar{\boldsymbol{\theta}}^*_{\mathrm{boot}})(\boldsymbol{\theta}^{*(b)} - \bar{\boldsymbol{\theta}}^*_{\mathrm{boot}})^\top \tag{4.13}$$

により求める．ここで，

$$\bar{\boldsymbol{\theta}}^*_{\mathrm{boot}} = \frac{1}{B}\sum_{b=1}^{B}\boldsymbol{\theta}^{*(b)}$$

であり，$B = 50 \sim 200$ で十分であることが多い．一方，ブートストラップ法による $\boldsymbol{\theta}$ の信頼区間の推定では，$B = 1000 \sim 2000$ が必要であると言われている．標本サイズ n が大きい場合は B も大きく設定する必要があるなど，n や仮定する統計モデルのパラメータなどに B は依存する．

次に，ブートストラップ法による $\mathrm{V}_{\mathrm{boot}}[\boldsymbol{\theta}^*]$ の計算アルゴリズムを示す．

Step 1:　$\mathbf{y}$ から n 回の復元抽出

$$\tilde{\mathbf{y}}_1^{(b)}, \ldots, \tilde{\mathbf{y}}_n^{(b)} \sim \hat{G}(\mathbf{y})$$

をおこない，$\tilde{\mathbf{y}}^{(b)} = [\tilde{\mathbf{y}}_1^{(b)}, \ldots, \tilde{\mathbf{y}}_n^{(b)}]$ を得る．

Step 2:　EM アルゴリズムにより，$\tilde{\mathbf{y}}^{(b)}$ のもとでの

$$\boldsymbol{\theta}^{*(b)} = [\theta_1^{*(b)}, \ldots, \theta_p^{*(b)}]^\top$$

を求める．

Step 1 と Step 2 のブートストラップ反復を B 回おこない，$\boldsymbol{\theta}^{*(1)}, \ldots, \boldsymbol{\theta}^{*(B)}$ を求め，式 (4.13) により $\mathrm{V}_{\mathrm{boot}}[\boldsymbol{\theta}^*]$ を計算する．

4.2　パラメータの信頼区間の推定

ブートストラップ法による $\theta_i \, (i = 1, \ldots, p)$ の信頼区間の計算法として，正規近似，パーセンタイル法 (Efron, 1981)，ブートストラップ t 法 (Efron, 1982) を示す．

4.2.1 正規近似による推定法

いま，θ_i^* が平均 θ_i，分散 σ_i^2 の正規分布に近似的に従うと仮定する：

$$\theta_i^* \sim N(\theta_i, \sigma_i^2)$$

このとき，

$$\frac{\theta_i^* - \theta_i}{\sigma_i} \sim N(0,1)$$

となるので，

$$\Pr\left[z_\alpha \le \frac{\theta_i^* - \theta_i}{\sigma_i} \le z_{1-\alpha}\right] = 1 - 2\alpha$$

により，θ_i に対する信頼係数 $1-2\alpha$ の信頼区間は

$$[\theta_i^* - z_{1-\alpha}\sigma_i,\ \theta_i^* - z_\alpha\sigma_i]$$

で近似することができる．ここで，標準正規分布の分布関数を Φ で表すとき，$z_\alpha = -z_{1-\alpha}$ は標準正規分布の α 点 $\Phi(z_\alpha) = \alpha$ である．また，σ_i が未知のとき，その推定値として $\sqrt{\mathrm{V_{boot}}\left[\theta_i^*\right]}$ を用いることができる．このとき，正規近似による信頼係数 $1-2\alpha$ の信頼区間は

$$\left[\theta_i^* - z_{1-\alpha}\sqrt{\mathrm{V_{boot}}\left[\theta_i^*\right]},\ \theta_i^* - z_\alpha\sqrt{\mathrm{V_{boot}}\left[\theta_i^*\right]}\right]$$

で与えられる．

4.2.2 パーセンタイル法

正規近似による信頼区間の推定の前提条件として，θ_i^* が正規分布に従っていることがある．この条件を満足していないとき，求めた信頼区間は良い近似にならない．正規分布の仮定をせずに信頼区間を求める方法として，Efron (1981) のパーセンタイル法がある．

ブートストラップ反復により，$\{\boldsymbol{\theta}^{*(b)}\}_{1\le b\le B}$ が得られたとする．パーセンタイル法では，$\{\theta_i^{*(b)}\}_{1\le b\le B}$ を昇順

$$\theta_i^{*1} \le \theta_i^{*2} \le \cdots \le \theta_i^{*B}$$

に並び替え，**ブートストラップ分布** (bootstrap distribution) のパーセント点から θ_i に対する信頼係数 $1-2\alpha$ の信頼区間

$$\left[\theta_i^{*\alpha B},\ \theta_i^{*(1-\alpha)B}\right]$$

を求める．ここで，θ_i^{*b} は昇順に並べた B 個の中の b 番目の値である．

4.2.3 ブートストラップ *t* 法

正規近似やパーセンタイル法で得られる信頼区間は十分に実用的であるが，近似精度が高くないことが知られている．Efron (1982) は，推定値の分散情報を取り入れることにより，近似信頼区間の精度を高めるブートストラップ t 法を提案した．この方法により，近似精度が改善されることの理論的評価を Hall (1992) がおこなっている．

推定量 $\theta_i^*(\mathbf{Y})$ $(i=1,\ldots,p)$ の標準誤差の推定量を

$$\mathrm{se}[\theta_i^*(\mathbf{Y})] = \sqrt{\mathrm{Var}[\theta_i^*(\mathbf{Y})]}$$

で表す．このとき，ブートストラップ t 法は，ステューデント化された統計量 (studentized statistics)

$$T_i = \frac{\theta_i^*(\mathbf{Y}) - \theta_i}{\mathrm{se}[\theta_i^*(\mathbf{Y})]} \tag{4.14}$$

を用い，θ_i のブートストラップ信頼区間の構成する．統計量 T_i の分布の α 点を t_α で表すとき，

$$\Pr\left[t_\alpha \le \frac{\theta_i^* - \theta_i}{\sigma_i^*} \le t_{1-\alpha}\right] = 1-2\alpha$$

となるので，θ_i に対する信頼係数 $1-2\alpha$ の信頼区間は

$$[\theta_i^* - t_{1-\alpha}\sigma_i^*,\ \theta_i^* - t_\alpha\sigma_i^*]$$

である．ここで，$\sigma_i^* = \sqrt{\mathrm{V_{boot}}[\theta_i^*]}$ であり，t_α と $t_{1-\alpha}$ はブートストラップ法により求める．

ブートストラップ t 法の計算アルゴリズムは次の手順で与えられる：

Step 0:　EM アルゴリズムにより，$\mathbf{y}$ のもとでの $\boldsymbol{\theta}^*$ を求める．

Step 1:　$\mathbf{y}$ から n 回の復元抽出

$$\tilde{\mathbf{y}}_1^{(b)}, \ldots, \tilde{\mathbf{y}}_n^{(b)} \sim \hat{G}(\mathbf{y})$$

をおこない，$\tilde{\mathbf{y}}^{(b)} = [\tilde{\mathbf{y}}_1^{(b)}, \ldots, \tilde{\mathbf{y}}_n^{(b)}]$ を得る．

Step 2:　EM アルゴリズムにより，$\tilde{\mathbf{y}}^{(b)}$ のもとでの

$$\boldsymbol{\theta}^{*(b)} = [\theta_1^{*(b)}, \ldots, \theta_p^{*(b)}]^\top$$

を求める．各 $\theta_i^{*(b)}$ に対し，その標準誤差の値 $\mathrm{se}[\theta_i^{*(b)}]$ を計算する．

Step 3:　統計量 (4.14) から求めるブートストラップ t 値を計算する：

$$\mathbf{T}^{(b)} = [T_1^{(b)}, \ldots, T_p^{(b)}]^\top$$

ここで，

$$T_i^{(b)} = \frac{\theta_i^{*(b)} - \theta_i^*}{\mathrm{se}[\theta_i^{*(b)}]}$$

である．

Step 1 から Step 3 を B 回繰り返し，$\mathbf{T}^{(1)}, \ldots, \mathbf{T}^{(B)}$ を求める：

$$\left[\mathbf{T}^{(1)}, \ldots, \mathbf{T}^{(B)}\right] = \begin{bmatrix} T_1^{(1)} & \cdots & T_1^{(B)} \\ \vdots & \ddots & \vdots \\ T_p^{(1)} & \cdots & T_p^{(B)} \end{bmatrix}$$

このとき，$\theta_i \ (i = 1, \ldots, p)$ に対する信頼係数 $1 - 2\alpha$ の信頼区間は，$\{T_i^{(b)}\}_{1 \le b \le B}$ を昇順

$$T_i^1 \le T_i^2 \le \cdots \le T_i^B$$

に並び替え，

$$\left[\theta_i^* - T_i^{(1-\alpha)B} \sqrt{\mathrm{V}_{\mathrm{boot}}\left[\theta_i^*\right]},\ \theta_i^* - T_i^{\alpha B} \sqrt{\mathrm{V}_{\mathrm{boot}}\left[\theta_i^*\right]}\right]$$

を計算することで得られる．ここで，T_i^b は昇順に並べた B 個の中の b 番目の値である．

●標準誤差 $\mathrm{se}[\boldsymbol{\theta}_i^{*(b)}]$ の推定

ブートストラップ t 法の Step 2 における $\mathrm{se}[\theta_i^{*(b)}]$ の計算法として，デルタ法，ジャックナイフ法，二段階ブートストラップ法がある．ここでは，Tukey (1958) による**ジャックナイフ法**を示す．

$\tilde{\mathbf{y}}^{(b)} = [\tilde{\mathbf{y}}_1^{(b)}, \ldots, \tilde{\mathbf{y}}_n^{(b)}]$ の中から j 番目のデータ $\tilde{\mathbf{y}}_j^{(b)}$ を除いたものを

$$\tilde{\mathbf{y}}_{(j)}^{(b)} = [\tilde{\mathbf{y}}_1^{(b)}, \ldots, \tilde{\mathbf{y}}_{j-1}^{(b)}, \tilde{\mathbf{y}}_{j+1}^{(b)}, \ldots, \tilde{\mathbf{y}}_n^{(b)}]$$

で表し，$\tilde{\mathbf{y}}_{(j)}^{(b)}$ から EM アルゴリズムで求めた最尤推定値を

$$\boldsymbol{\theta}_{(j)}^{*(b)} = [\theta_{1(j)}^{*(b)}, \ldots, \theta_{p(j)}^{*(b)}]^\top$$

と書くとき，ジャックナイフ法は $\mathrm{se}[\theta_i^{*(b)}]$ $(i = 1, \ldots, p)$ を次の手順で計算する．

Step 1: $j = 1, \ldots, n$ に対し，$\tilde{\mathbf{y}}_{(j)}^{(b)}$ のもとで EM アルゴリズムにより $\boldsymbol{\theta}_{(j)}^{*(b)}$ を推定し，$\{\boldsymbol{\theta}_{(j)}^{*(b)}\}_{1\le j\le n}$ を求める．

Step 2: $\{\theta_{i(j)}^{*(b)}\}_{1\le j\le n}$ から，$\theta_i^{*(b)}$ の標準誤差

$$\mathrm{se}[\theta_i^{*(b)}] = \sqrt{\frac{n-1}{n}\sum_{j=1}^{n}(\theta_{i(j)}^{*(b)} - \bar{\theta}_i^{*(b)})^2}$$

を計算する．ここで，

$$\bar{\theta}_i^{*(b)} = \frac{1}{n}\sum_{j=1}^{n}\theta_{i(j)}^{*(b)}$$

である．

推定量 $\theta^*(\mathbf{Y})$ の分布が非対称であるとき，信頼区間の近似精度は推定量のバイアスと歪みの大きさに影響される．Efron (1982) はこのバイアスと歪みを同時に修正することで θ_i $(i = 1, \ldots, p)$ の信頼区間の精度を高

める Bias-Corrected and accelerated (BCa) 法を提案した．この方法は，パーセンタイル法を改良したものであり，ブートストラップ t 法と同様に高い精度で信頼区間を求めることができる．

【例 4.2】（多項分布モデル）　表 2.1 の分割表の多項分布モデルにおける $\boldsymbol{\theta}^* = [\theta_{11}^*, \theta_{12}^*, \theta_{21}^*, \theta_{22}^*]^\top$ の漸近分散共分散行列および $\boldsymbol{\theta}$ の信頼区間をブートストラップ法により求める．ここで，例 2.1 より

$$\boldsymbol{\theta}^* = [0.35633, 0.10054, 0.30187, 0.24126]^\top$$

であり，また，ブートストラップ法の各反復における EM アルゴリズムの収束判定は

$$\|\boldsymbol{\theta}^{*(t+1)} - \boldsymbol{\theta}^{*(t)}\|^2 < \delta = 10^{-12}$$

でおこなった．ブートストラップ反復回数を $B = 2000$ とし，式 (4.13) を用いて $\{\boldsymbol{\theta}^{*(b)}\}_{1 \le b \le 2000}$ から $\mathrm{V}_o[\boldsymbol{\theta}^*]$ の推定値を計算したとき，

$$\begin{aligned}
&\mathrm{V}_{\mathrm{boot}}[\boldsymbol{\theta}^*] \\
&= \begin{bmatrix} 9.592633 & -3.317181 & -7.241186 & 9.657345 \\ -3.317181 & 4.929417 & 1.369901 & -2.982137 \\ -7.241186 & 1.369901 & 12.509093 & -6.637807 \\ 9.657345 & -2.982137 & -6.637807 & 8.654210 \end{bmatrix} \times 10^{-4}
\end{aligned}$$

であった．これより，$\boldsymbol{\theta}^*$ の標準誤差は

$$\begin{bmatrix} \sqrt{\mathrm{V}_{\mathrm{boot}}[\theta_{11}^*]} \\ \sqrt{\mathrm{V}_{\mathrm{boot}}[\theta_{12}^*]} \\ \sqrt{\mathrm{V}_{\mathrm{boot}}[\theta_{21}^*]} \\ \sqrt{\mathrm{V}_{\mathrm{boot}}[\theta_{22}^*]} \end{bmatrix} = \begin{bmatrix} 0.0309720 \\ 0.0222023 \\ 0.0353682 \\ 0.0294180 \end{bmatrix}$$

である．

表 4.1 は正規近似およびパーセンタイル法から得られた $\boldsymbol{\theta}$ に対する信頼係数 0.95 の信頼区間である．正規近似と分布を仮定しないパーセンタ

表 4.1 $\boldsymbol{\theta}$ に対する信頼係数 0.95 の信頼区間

	最尤推定値	正規近似	パーセンタイル法
θ_{11}	0.35633	[0.2958273, 0.4172352]	[0.2955806, 0.4181820]
θ_{12}	0.10054	[0.0568777, 0.1439091]	[0.0584153, 0.1449295]
θ_{21}	0.30187	[0.2322788, 0.3709195]	[0.2314656, 0.3699468]
θ_{22}	0.24126	[0.1838179, 0.2991345]	[0.1857412, 0.2976998]

イル法による2つの信頼区間は，小数点以下2桁まで一致していることがわかる．図 4.1 は $\{\boldsymbol{\theta}^{*(b)}\}_{1\le b\le 2000}$ のヒストグラムを描いたものである．この図より，θ^*_{ij} $(i,j=1,2)$ は左右対称に分布していることが確認できる．これらが正規分布しているかどうかをみるために，図 4.2 の正規 Q-Q プロットを描いた．この図より，散布図の点がほぼ直線上に並んでいることが確認でき，θ^*_{ij} $(i,j=1,2)$ は正規分布していると考えられる．

【例 4.3】（2変量正規分布モデル） 2変量正規分布モデルにおける $\boldsymbol{\theta}^* = [\boldsymbol{\mu}^*, \boldsymbol{\Sigma}^*]^\top$ の漸近分散共分散行列および $\boldsymbol{\theta}$ の信頼区間をブートストラップ法により求める．数値実験では，$n=100$，$\mathrm{P_{mis}}=0.6$ とし，3.2.3 項の例 3.1 と同じ手順で $\mathbf{y}=[\mathbf{y}_{\mathrm{obs}}, \mathbf{y}_{\mathrm{mis1}}, \mathbf{y}_{\mathrm{mis2}}]$ を生成した．このとき，EM アルゴリズムにより $\mathbf{y}$ から求めた $\boldsymbol{\theta}^*$ は

$$\boldsymbol{\mu}^* = \begin{bmatrix} 9.70623 \\ 19.73395 \end{bmatrix}, \quad \boldsymbol{\Sigma}^* = \begin{bmatrix} 4.32902 & 6.16185 \\ 6.16185 & 14.53740 \end{bmatrix}$$

であった．

ブートストラップ法の適用において，ブートストラップ反復回数は $B=2000$ とし，各ブートストラップ反復における EM アルゴリズムの収束判定は

$$\|\boldsymbol{\theta}^{*(t+1)} - \boldsymbol{\theta}^{*(t)}\|^2 < \delta = 10^{-12}$$

でおこなった．このとき，

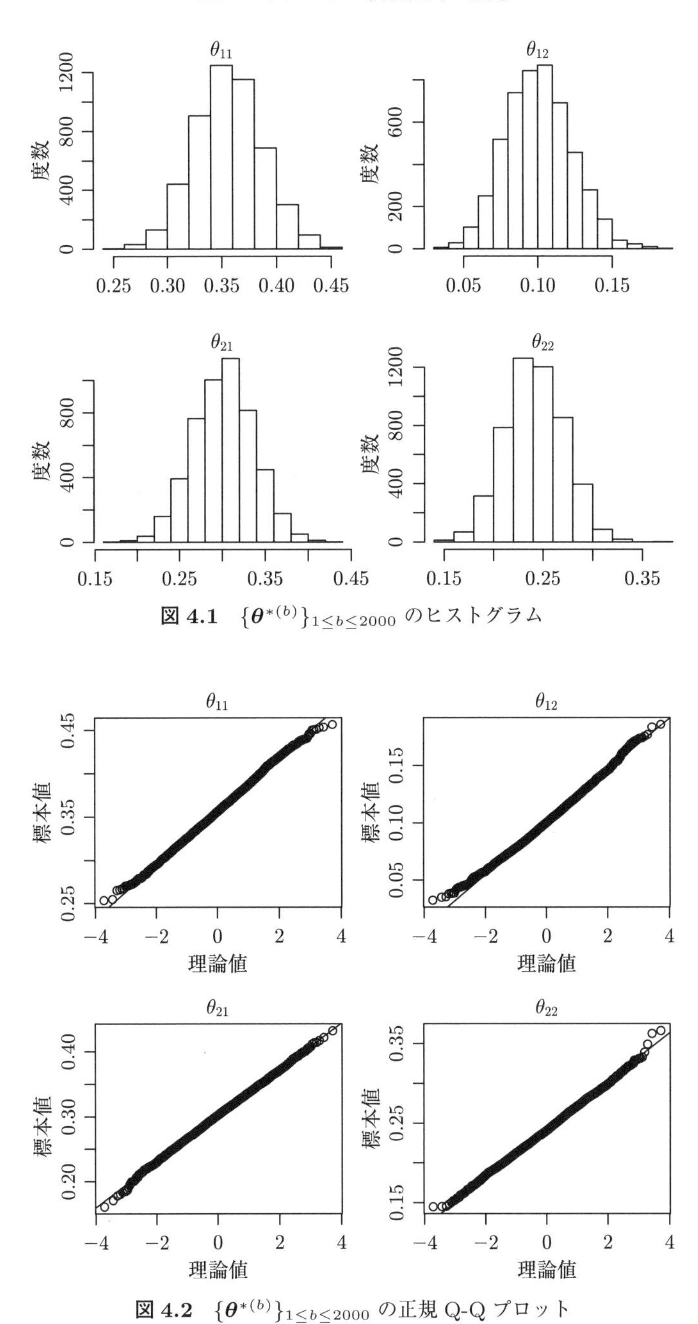

図 4.1　$\{\boldsymbol{\theta}^{*(b)}\}_{1\leq b\leq 2000}$ のヒストグラム

図 4.2　$\{\boldsymbol{\theta}^{*(b)}\}_{1\leq b\leq 2000}$ の正規 Q-Q プロット

$$\mathrm{V_{boot}}\left[\boldsymbol{\mu}^*\right] = \begin{bmatrix} 0.0518178 & 0.0594959 \\ 0.0594959 & 0.1964303 \end{bmatrix},$$

$$\mathrm{V_{boot}}\left[\boldsymbol{\Sigma}^*\right] = \begin{bmatrix} 0.4024134 & 0.4772076 & 0.4772076 & 0.4273808 \\ 0.4772076 & 1.0772776 & 1.0772776 & 2.0003709 \\ 0.4772076 & 1.0772776 & 1.0772776 & 2.0003709 \\ 0.4273808 & 2.0003709 & 2.0003709 & 6.1235545 \end{bmatrix}$$

であった．表4.2は最尤推定値 $\boldsymbol{\theta}^*$ と上記の漸近分散共分散行列の推定値から求めた $\boldsymbol{\theta}^*$ の標準誤差をまとめたものである．これらの数値を用いて，$\boldsymbol{\theta}$ の信頼区間を推定する．

表4.3は，正規近似，パーセンタイル法，ブートストラップ t 法により求めた $\boldsymbol{\theta}$ に対する信頼係数0.95の信頼区間である．μ_1 と μ_2 について，3つの方法は非常に近い信頼区間を推定している．一方，$\boldsymbol{\Sigma}$ において，正規近似とパーセンタイル法による信頼区間はブートストラップ t 法のそれと異なっていることがわかる．原因として，$\{\mu_i^{*(b)}\}_{1\le b\le 2000}$ $(i = 1,2)$ がそれぞれの最尤推定値を中心にして対称に分布しているのに対し，$\{\sigma_{ij}^{*(b)}\}_{1\le b\le 2000}$ $(i,j = 1,2)$ はそのように分布していないことが考えられる．また，正規近似やパーセンタイル法の信頼区間と比べたとき，ブートストラップ t 法による信頼区間の幅は長くなる傾向があると言われており，この数値例でもそのような結果になっている．

図4.3は $\{\mu_i^{*(b)}\}_{1\le b\le 2000}$ $(i = 1,2)$ と $\{\sigma_{ij}^{*(b)}\}_{1\le b\le 2000}$ $(i,j = 1,2)$ のヒストグラムを描いたものである．$\{\mu_i^{*(b)}\}_{1\le b\le 2000}$ $(i = 1,2)$ の分布には対称性が見られるが，$\{\sigma_{ij}^{*(b)}\}_{1\le b\le 2000}$ $(i,j = 1,2)$ は少し左に歪んで分布しているように見える．図4.4はパラメータごとで $\{T_i^{(b)}\}_{1\le b\le 2000}$ の正規Q-Qプロットを描いたものである．この図より，μ_1^* と μ_2^* は正規分布していると考えてよい．一方，$\sigma_{ij}^{*(b)}$ $(i,j = 1,2)$ については，分布の左端部分にズレが生じていることが確認できる．

表 4.2 $\boldsymbol{\theta}$ の最尤推定値とその標準誤差

	最尤推定値	標準誤差
μ_1	9.70623	0.2276352
μ_2	19.73395	0.4432046
σ_{11}	4.32902	0.6343606
$\sigma_{12} = \sigma_{21}$	6.16185	1.0379198
σ_{22}	14.53740	2.4745817

表 4.3 $\boldsymbol{\theta}$ に対する信頼係数 0.95 の信頼区間

	正規近似	パーセンタイル法
μ_1	[9.260073, 10.152387]	[9.257810, 10.159894]
μ_2	[18.865283, 20.602613]	[18.874916, 20.647715]
σ_{11}	[3.085696, 5.572344]	[3.050568, 5.561095]
$\sigma_{12} = \sigma_{21}$	[4.127565, 8.196136]	[4.163049, 8.272851]
σ_{22}	[9.687310, 19.387492]	[9.829459, 19.248102]

	ブートストラップ t 法
μ_1	[9.244080, 10.186521]
μ_2	[18.834993, 20.688464]
σ_{11}	[3.321864, 5.931111]
$\sigma_{12} = \sigma_{21}$	[4.380267, 8.689909]
σ_{22}	[10.662533, 21.438797]

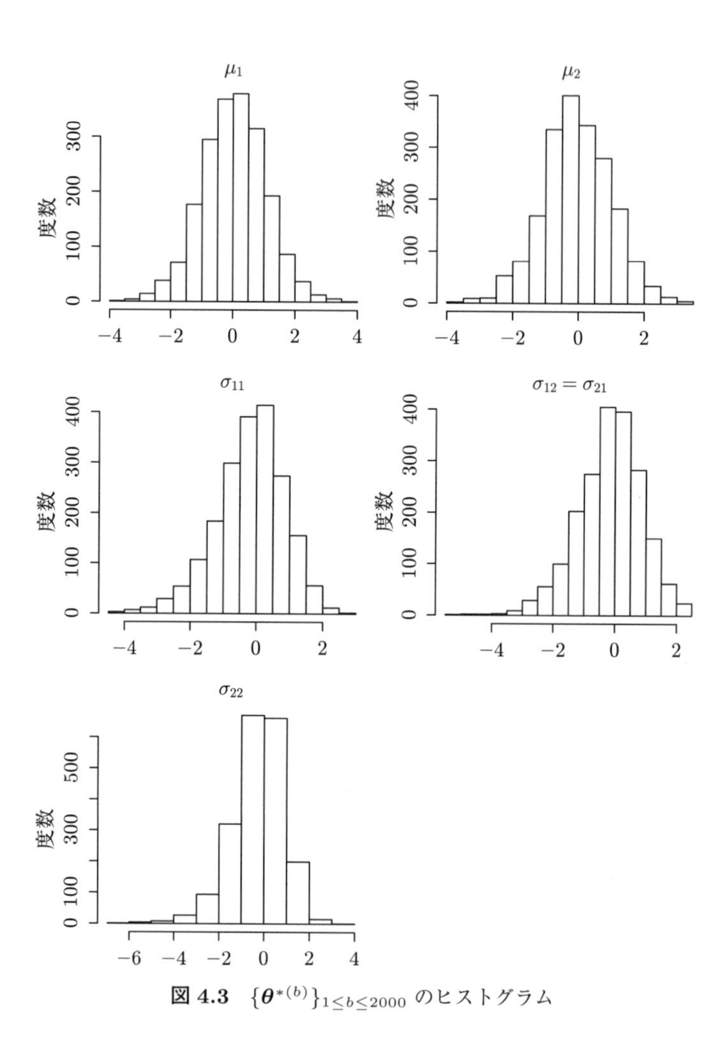

図 4.3 $\{\boldsymbol{\theta}^{*(b)}\}_{1 \le b \le 2000}$ のヒストグラム

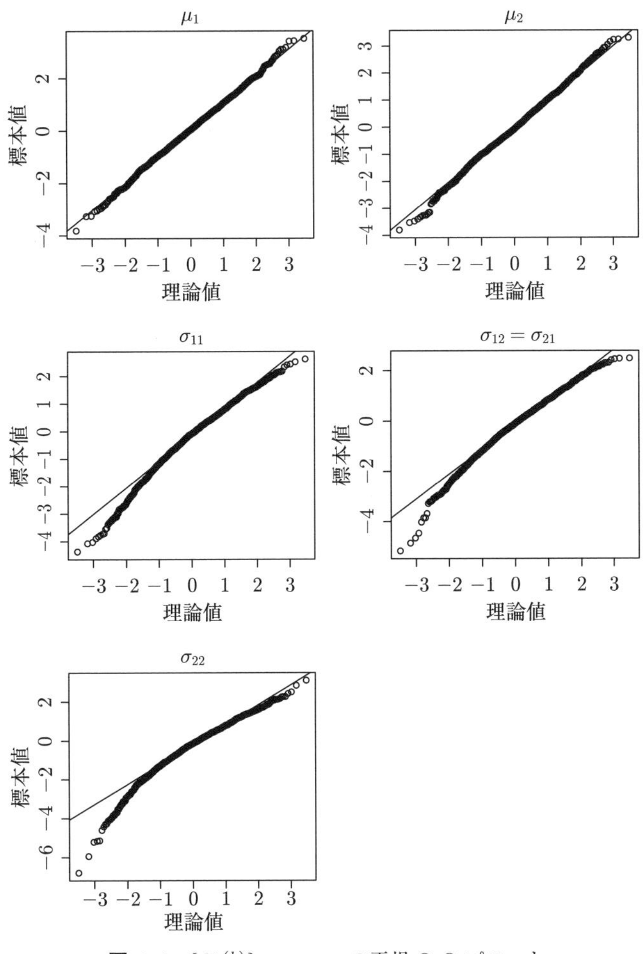

図 4.4 $\{\boldsymbol{\theta}^{*(b)}\}_{1\leq b\leq 2000}$ の正規 Q-Q プロット

第5章

EMアルゴリズムの拡張

5.1 ECMアルゴリズム

EMアルゴリズムのM-stepにおいて，$\boldsymbol{\theta}$ の更新式が明示的に与えられないとき，その計算は複雑になる．このとき，ある条件を満たすように $\boldsymbol{\theta}$ を分割し，逐次的に Q 関数を条件付き最大化することで $\boldsymbol{\theta}^*$ を求めることができる．Meng & Rubin (1993) は，この条件付き最大化をおこなうため，M-stepをConditional Maximization step (CM-step) に置き換えたExpectation-Conditional Maximization (ECM) アルゴリズムを提案した．

5.1.1 ECMアルゴリズムの定式化

$\boldsymbol{\theta} = [\theta_1, \ldots, \theta_p]^\top$ が S 個のベクトル $\boldsymbol{\theta}_1, \ldots, \boldsymbol{\theta}_S$ に分割できるとする．このとき，この分割は，任意ではなく，後に定義する**空間充足** (space filling) を満足する必要がある．ここで，$\boldsymbol{\theta}_s$ を除くすべてのパラメータからなるベクトル関数を

$$g_s(\boldsymbol{\theta}) = [\boldsymbol{\theta}_1^\top, \ldots, \boldsymbol{\theta}_{s-1}^\top, \boldsymbol{\theta}_{s+1}^\top, \ldots, \boldsymbol{\theta}_S^\top]^\top$$

で表し，その集合を

$$\mathcal{G} = \{g_s(\boldsymbol{\theta})\}_{s=1,\ldots,S}$$

とする．

ECM アルゴリズムは，M-step を $\boldsymbol{\theta}_s$ $(s = 1, \ldots, S)$ に対する CM-step に置き換え，S 回の CM-step を実行することにより，

$$Q(\boldsymbol{\theta}^{(t+1)}|\boldsymbol{\theta}^{(t)}) \geq Q(\boldsymbol{\theta}^{(t)}|\boldsymbol{\theta}^{(t)}) \tag{5.1}$$

となる $\boldsymbol{\theta}^{(t+1)}$ を求める．このとき，s 回目の CM-step では，任意の $\boldsymbol{\theta} \in \Omega_s(\boldsymbol{\theta}^{(t+(s-1)/S)})$ に対し，

$$Q(\boldsymbol{\theta}^{(t+s/S)}|\boldsymbol{\theta}^{(t)}) \geq Q(\boldsymbol{\theta}|\boldsymbol{\theta}^{(t)}) \tag{5.2}$$

となる $\boldsymbol{\theta}^{(t+s/S)}$ を求める．ここで，

$$\Omega_s(\boldsymbol{\theta}^{(t+(s-1)/S)}) = \{\boldsymbol{\theta} \mid \boldsymbol{\theta} \in \Omega_{\boldsymbol{\theta}}, g_s(\boldsymbol{\theta}) = g_s(\boldsymbol{\theta}^{(t+(s-1)/S)})\} \tag{5.3}$$

であり，$\Omega_{\boldsymbol{\theta}}$ の部分空間である．

初期値 $\boldsymbol{\theta}^{(0)}$ が与えられたとき，ECM アルゴリズムの E-step と CM-step は次の手順で与えられる：

E-step: 観測データ $\mathbf{y}$ と $\boldsymbol{\theta}^{(t)}$ が与えられたとき，$Q(\boldsymbol{\theta}|\boldsymbol{\theta}^{(t)})$ を計算する．

CM1-step: 任意の $\boldsymbol{\theta} \in \Omega_1(\boldsymbol{\theta}^{(t)})$ に対し，$Q(\boldsymbol{\theta}^{(t+1/S)}|\boldsymbol{\theta}^{(t)}) \geq Q(\boldsymbol{\theta}|\boldsymbol{\theta}^{(t)})$ となるような $\boldsymbol{\theta}^{(t+1/S)}$ を選択する：

$$\boldsymbol{\theta}^{(t+1/S)} = \mathop{\arg\max}_{\boldsymbol{\theta} \in \Omega_1(\boldsymbol{\theta}^{(t)})} Q(\boldsymbol{\theta}|\boldsymbol{\theta}^{(t)})$$

$\vdots$

CM$\boldsymbol{S}$-step: 任意の $\boldsymbol{\theta} \in \Omega_S(\boldsymbol{\theta}^{(t+(S-1)/S)})$ に対し，$Q(\boldsymbol{\theta}^{(t+1)}|\boldsymbol{\theta}^{(t)}) \geq Q(\boldsymbol{\theta}|\boldsymbol{\theta}^{(t)})$ となるような $\boldsymbol{\theta}^{(t+1)}$ を選択する：

$$\boldsymbol{\theta}^{(t+1)} = \mathop{\arg\max}_{\boldsymbol{\theta} \in \Omega_S(\boldsymbol{\theta}^{(t+(S-1)/S)})} Q(\boldsymbol{\theta}|\boldsymbol{\theta}^{(t)})$$

このとき，

$$\begin{aligned} Q(\boldsymbol{\theta}^{(t+1)}|\boldsymbol{\theta}^{(t)}) &\geq Q(\boldsymbol{\theta}^{(t+(S-1)/S)}|\boldsymbol{\theta}^{(t)}) \geq \cdots \geq Q(\boldsymbol{\theta}^{(t+1/S)}|\boldsymbol{\theta}^{(t)}) \\ &\geq Q(\boldsymbol{\theta}^{(t)}|\boldsymbol{\theta}^{(t)}) \end{aligned} \tag{5.4}$$

が成り立ち，結果としてECM アルゴリズムの1回の反復後に不等式 (5.1) が成り立つ．これは $\mathbf{y}$ に対する対数尤度関数の単調増加を示すものであり，ECM アルゴリズムがGEM アルゴリズムであることを意味している（定理 5.1）.

CMs-step では，$g_s(\boldsymbol{\theta}^{(t+(s-1)/S)})$ で制約された $\Omega_{\boldsymbol{\theta}}$ の部分空間の内点による Q 関数の最大化をおこなう．そして，S 回の CM-step を実行した後に得られる点が式 (5.4) を満足する $\boldsymbol{\theta}^{(t+1)} \in \Omega_{\boldsymbol{\theta}}$ でなければならない．これには，CM-step において逐次的に S 回おこなう $\Omega_{\boldsymbol{\theta}}$ の部分空間の内点による Q 関数の最大化が，$\Omega_{\boldsymbol{\theta}}$ の内点による Q 関数の最大化になっている必要がある．このことは，$\boldsymbol{\theta}$ の分割 $\boldsymbol{\theta}_1, \ldots, \boldsymbol{\theta}_S$ に関係しており，Meng & Rubin (1993) はこの分割に関する条件を与えた．この条件が，$\mathcal{G}$ に課される空間充足であり，ECM アルゴリズムの収束性を保証する．ベクトル関数 $g_s(\boldsymbol{\theta})$ $(s = 1, \ldots, S)$ について次を仮定する：

(i) $g_s(\boldsymbol{\theta})$ は微分可能である.

(ii) 任意の $\boldsymbol{\theta} \in \Omega_{\boldsymbol{\theta}}$ における $g_s(\boldsymbol{\theta})$ の勾配

$$Dg_s(\boldsymbol{\theta}) = \left[\frac{\partial g_s(\boldsymbol{\theta})}{\partial \theta_1}, \ldots, \frac{\partial g_s(\boldsymbol{\theta})}{\partial \theta_p}\right]^\top$$

はフルランクである.

この仮定のもとで，空間充足を定義する.

定義 5.1 （空間充足）

$Dg_s(\boldsymbol{\theta})$ の列空間を

$$\mathrm{Sp}_s(\boldsymbol{\theta}) = \{Dg_s(\boldsymbol{\theta})\boldsymbol{\lambda}_s \mid \boldsymbol{\lambda}_s \in \mathbb{R}^{d_s}\}$$

で表す．ここで，d_s は $g_s(\boldsymbol{\theta})$ の次元である．任意の $\boldsymbol{\theta} \in \Omega_{\boldsymbol{\theta}}$ に対し，

$$\mathrm{Sp}(\boldsymbol{\theta}) = \bigcap_{s=1}^{S} \mathrm{Sp}_s(\boldsymbol{\theta}) = \{\mathbf{0}\} \tag{5.5}$$

が成り立つとき，$\mathcal{G} = \{g_s(\boldsymbol{\theta})\}_{s=1,\ldots,S}$ は空間充足であるという.

例えば，$\boldsymbol{\theta} = [\theta_1, \theta_2, \theta_3]^\top$ に対し，分割 $\boldsymbol{\theta}_1 = \theta_1$，$\boldsymbol{\theta}_2 = [\theta_2, \theta_3]^\top$ を考える．このとき，$g_1(\boldsymbol{\theta}) = [\theta_2, \theta_3]^\top$，$g_2(\boldsymbol{\theta}) = \theta_1$ であり，

$$Dg_1(\boldsymbol{\theta}) = \begin{bmatrix} 0 & 0 \\ 1 & 0 \\ 0 & 1 \end{bmatrix}, \qquad Dg_2(\boldsymbol{\theta}) = \begin{bmatrix} 1 \\ 0 \\ 0 \end{bmatrix}$$

となるので，

$$\begin{aligned} \mathrm{Sp}_1(\boldsymbol{\theta}) &= \{Dg_1(\boldsymbol{\theta})\boldsymbol{\lambda}_1 \mid \boldsymbol{\lambda}_1 = [\lambda_2, \lambda_3]^\top \in \mathbb{R}^2\} \\ &= \{[0, \lambda_2, \lambda_3]^\top \mid \lambda_2, \lambda_3 \in \mathbb{R}\}, \\ \mathrm{Sp}_2(\boldsymbol{\theta}) &= \{Dg_2(\boldsymbol{\theta})\boldsymbol{\lambda}_2 \mid \boldsymbol{\lambda}_2 = \lambda_1 \in \mathbb{R}\} = \{[\lambda_1, 0, 0]^\top \mid \lambda_1 \in \mathbb{R}\} \end{aligned}$$

を得る．したがって，

$$\mathrm{Sp}_1(\boldsymbol{\theta}) \cap \mathrm{Sp}_2(\boldsymbol{\theta}) = \{[0, 0, 0]^\top\} = \{\mathbf{0}\}$$

であり，$\mathcal{G}$ は空間充足である．任意の $\boldsymbol{\theta} \in \Omega_{\boldsymbol{\theta}}$ に対し，$\mathrm{Sp}_1(\boldsymbol{\theta})$ と $\mathrm{Sp}_2(\boldsymbol{\theta})$ が直交しているとき，式 (5.5) は成立し，$\mathcal{G}$ は空間充足である．

5.1.2 ECM アルゴリズムの収束

式 (5.4) で示したように，ECM アルゴリズムにおいても，

$$Q(\boldsymbol{\theta}^{(t+1)}|\boldsymbol{\theta}^{(t)}) \geq Q(\boldsymbol{\theta}^{(t)}|\boldsymbol{\theta}^{(t)})$$

となる．したがって，次の定理を得る．

定理 5.1

任意の ECM アルゴリズムは GEM アルゴリズムである．

ECM アルゴリズムは GEM アルゴリズムの特性を有するため，$\{\ell_o(\boldsymbol{\theta}^{(t)})\}_{t\geq 0}$ が上に有界のとき，ある値 ℓ^* に単調に収束する．これより，$\mathcal{G}$ が空間充足であれば，EM アルゴリズムと同様に ECM アルゴリズムの停留点への収束性を示すことができる．ここで，3.1 節にある正則条件

C2からC6を仮定する．次の結果はECMアルゴリズムが生成する $\{\boldsymbol{\theta}^{(t)}\}_{t\geq 0}$ に関するものである．

定理 5.2

式 (5.2) を満たすECMアルゴリズムによる条件付き最大化は一意的 (unique) であると仮定する．このとき，ECMアルゴリズムから生成される任意の $\{\boldsymbol{\theta}^{(t)}\}_{t\geq 0}$ の極限のすべては集合

$$\Gamma_{\boldsymbol{\theta}} = \left\{\boldsymbol{\theta} \mid D\ell_o(\boldsymbol{\theta}) \in \mathrm{Sp}(\boldsymbol{\theta})\right\}$$

に含まれる．

$\mathcal{G}$ が $\boldsymbol{\theta} \in \Omega_{\boldsymbol{\theta}}$ で空間充足であるとき，$\mathrm{Sp}(\boldsymbol{\theta}) = \{\mathbf{0}\}$ である．定理5.2から次の結果を得ることができる．

定理 5.3

式 (5.2) を満たすECMアルゴリズムによる条件付き最大化は一意的であると仮定する．このとき，すべての $\boldsymbol{\theta}^{(t)}$ で $\mathcal{G}$ が空間充足であれば，ECMアルゴリズムにより生成される任意の $\{\boldsymbol{\theta}^{(t)}\}_{t\geq 0}$ の極限のすべては $\ell_o(\boldsymbol{\theta})$ の停留点である．

さらに，$\mathcal{G}$ が $\boldsymbol{\theta} \in \Omega_{\boldsymbol{\theta}}$ で空間充足であるとき，定理3.7の一意性の条件を

(a) $D^{10}Q(\boldsymbol{\theta}'|\boldsymbol{\theta})$ は $\boldsymbol{\theta}'$ と $\boldsymbol{\theta}$ で連続である
(b) すべての s に対し，$Dg_s(\boldsymbol{\theta}')$ は $\boldsymbol{\theta}$ で連続である

に置き換えることにより，定理3.7をECMアルゴリズムに対する結果に拡張することができる．

系 5.4

$\ell_o(\boldsymbol{\theta})$ は $\boldsymbol{\theta} \in \Omega_{\boldsymbol{\theta}}$ において単峰であり，単一の停留点 $\boldsymbol{\theta}^*$ をもつと仮定する．このとき，すべての $\boldsymbol{\theta}^{(t)}$ で $\mathcal{G}$ が空間充足であり，かつ，

(a) 各 CM-step の最大化は一意的である
(b) $D^{10}Q(\boldsymbol{\theta}'|\boldsymbol{\theta})$ は $\boldsymbol{\theta}'$ と $\boldsymbol{\theta}$ の両方で微分可能であり，かつ，すべての s に対し，$Dg_s(\boldsymbol{\theta}')$ は $\boldsymbol{\theta}'$ で連続である

のどちらかであるならば，ECM アルゴリズムから生成される任意の列 $\{\boldsymbol{\theta}^{(t)}\}_{t\geq 0}$ は $\boldsymbol{\theta}^*$ に収束する．

ECM アルゴリズムの収束率について，Meng (1994) の結果がある．ECM アルゴリズムを M^{ECM} で表し，そのヤコビ行列を $DM^{\mathrm{ECM}}(\boldsymbol{\theta})$ と書くことにする．このとき，ECM アルゴリズムの収束率は

$$DM^{\mathrm{ECM}}(\boldsymbol{\theta}^*) = DM(\boldsymbol{\theta}^*) + \prod_{s=1}^{S} h_s(I_p - DM(\boldsymbol{\theta}^*)) \tag{5.6}$$

から求めることができる．ここで，$DM(\boldsymbol{\theta}^*)$ は $\boldsymbol{\theta} = \boldsymbol{\theta}^*$ における EM アルゴリズムのヤコビ行列 (3.12) であり，

$$h_s = \mathcal{I}_o(\boldsymbol{\theta}^*)^{-1} Dg_s(\boldsymbol{\theta}^*)\{Dg_s(\boldsymbol{\theta}^*)^\top \mathcal{I}_o(\boldsymbol{\theta}^*)^{-1} Dg_s(\boldsymbol{\theta}^*)\}^{-1} Dg_s(\boldsymbol{\theta}^*)^\top \tag{5.7}$$

である．

観測データに欠測がないとき，EM アルゴリズムは必要ない．したがって，$DM(\boldsymbol{\theta}^*) = \mathbf{0}$ であり，式 (5.6) は

$$DM^{\mathrm{ECM}}(\boldsymbol{\theta}^*) = \prod_{s=1}^{S} h_s$$

となる．これより，h_s は CMs-step の計算に対応していると解釈でき，

$$DM^{\mathrm{CM}}(\boldsymbol{\theta}^*) = \prod_{s=1}^{S} h_s$$

と書くことにする．

次に，ECM アルゴリズムの大域的収束スピードについて考える．EM アルゴリズムの大域的収束スピードを ρ^{EM} で表す．また，ρ^{EM} は

$I_p - DM(\boldsymbol{\theta}^*)$ の最小固有値と一致することに注意すると，式 (5.6) から，

$$
\begin{aligned}
&I_p - DM^{\mathrm{ECM}}(\boldsymbol{\theta}^*)\\
&= I_p - DM(\boldsymbol{\theta}^*) - DM^{\mathrm{CM}}(\boldsymbol{\theta}^*)\{I_p - DM(\boldsymbol{\theta}^*)\}\\
&= \{I_p - DM^{\mathrm{CM}}(\boldsymbol{\theta}^*)\}\{I_p - DM(\boldsymbol{\theta}^*)\} \qquad (5.8)
\end{aligned}
$$

となり，ECM アルゴリズムの収束スピードは EM アルゴリズムと CM-step の収束スピードの積であることがわかる．ここで，ECM アルゴリズム，EM アルゴリズム，CM-step の大域的収束スピードを ρ^{ECM}，ρ^{EM}，ρ^{CM} でそれぞれ表すとき，

$$
\rho^{\mathrm{ECM}} = \rho^{\mathrm{EM}}\rho^{\mathrm{CM}}
$$

である．直感的には

$$
\rho^{\mathrm{EM}}\rho^{\mathrm{CM}} \leq \rho^{\mathrm{ECM}} \leq \rho^{\mathrm{EM}} \qquad (5.9)
$$

であると Meng (1994) はコメントしているが，一般的に不等式 (5.9) は成立しないことも例示している．ECM アルゴリズムは EM アルゴリズムの M-step を S 回の CM-step に置き換えているため，その収束は EM アルゴリズムよりも遅いことが予想される．アルゴリズムの収束スピードの比較は理論的観点からは興味深いことであるが，EM アルゴリズムが使えない場合に ECM アルゴリズムを適用するため，収束スピードを比較することに意味はないと Meng (1994) は述べている．

Liu & Rubin (1994) は，ECM アルゴリズムを拡張した Expectation-Conditional Maximization Either (ECME) アルゴリズムを提案した．ECME アルゴリズムでは，CM-step の一部を $Q(\boldsymbol{\theta}'|\boldsymbol{\theta})$ ではなく $\ell_o(\boldsymbol{\theta})$ の制約付き最大化で置き換える．この意味で “Either” を用いている．また，EM アルゴリズムや ECM アルゴリズムと同様に，ECME アルゴリズムも $\{\ell_o(\boldsymbol{\theta}^{(t)})\}_{t\geq 0}$ の単調増加を保証している．

●一般線形モデル

線形モデル

$$\mathbf{Y} = \boldsymbol{\beta}^\top \mathbf{w} + \mathbf{e} \tag{5.10}$$

を考える．ここで，$\mathbf{Y}$ は目的変数のベクトル，$\mathbf{w}$ はデザイン行列，$\boldsymbol{\beta}$ は未知パラメータベクトルである：

$$\mathbf{Y} = [Y_1, \ldots, Y_n],$$

$$\mathbf{w} = [\mathbf{w}_1, \ldots, \mathbf{w}_n] = \begin{bmatrix} w_{11} & \cdots & w_{n1} \\ \vdots & \ddots & \vdots \\ w_{1p} & \cdots & w_{np} \end{bmatrix}, \quad \boldsymbol{\beta} = \begin{bmatrix} \beta_1 \\ \vdots \\ \beta_p \end{bmatrix}$$

また，$\mathbf{e}$ は誤差ベクトルであり，p 変量正規分布 $N(\mathbf{0}, \boldsymbol{\Sigma})$ に従うと仮定すると，$\mathbf{Y}$ は p 変量正規分布 $N(\boldsymbol{\beta}^\top \mathbf{w}, \boldsymbol{\Sigma})$ に従う．

分散共分散行列に $\boldsymbol{\Sigma} = \sigma^2 I_p$ を仮定したとき，パラメータ $\boldsymbol{\theta} = [\boldsymbol{\beta}, \boldsymbol{\Sigma}]^\top$ の最尤推定値は明示的に求めることができる．一方，$\boldsymbol{\Sigma}$ に構造を仮定しないとき，$\boldsymbol{\beta}$ と $\boldsymbol{\Sigma}$ の最尤推定には反復法が必要になる．

$\mathbf{Y}$ の観測データ $\mathbf{y} = [y_1, \ldots, y_n]$ が得られたとする．このとき，$\boldsymbol{\beta}$ と $\boldsymbol{\Sigma}$ の条件付き最尤推定は次の計算によりおこなわれる．t 回目の反復で $\boldsymbol{\Sigma}^{(t)}$ が与えられたとき，$\boldsymbol{\beta}$ の推定値は重み付き最小二乗法で求めることができる：

$$\boldsymbol{\beta}^{(t+1)} = \left\{ \sum_{i=1}^{n} \mathbf{w}_i^\top \boldsymbol{\Sigma}^{(t)-1} \mathbf{w}_i \right\}^{-1} \left\{ \sum_{i=1}^{n} \mathbf{w}_i^\top \boldsymbol{\Sigma}^{(t)-1} \mathbf{y}_i \right\} \tag{5.11}$$

また，$\boldsymbol{\beta}^{(t+1)}$ が得られたとき，

$$\boldsymbol{\Sigma}^{(t+1)} = \frac{1}{n} \sum_{i=1}^{n} (\mathbf{y}_i - \boldsymbol{\beta}^{(t+1)\top} \mathbf{w}_i)^\top (\mathbf{y}_i - \boldsymbol{\beta}^{(t+1)\top} \mathbf{w}_i) \tag{5.12}$$

により $\boldsymbol{\Sigma}$ の推定値を更新する．式 (5.11) と式 (5.12) による推定において，

$$\ell_o(\boldsymbol{\beta}^{(t+1)}, \boldsymbol{\Sigma}^{(t+1)}) \geq \ell_o(\boldsymbol{\beta}^{(t+1)}, \boldsymbol{\Sigma}^{(t)}) \geq \ell_o(\boldsymbol{\beta}^{(t)}, \boldsymbol{\Sigma}^{(t)})$$

が成り立つ．ECM アルゴリズムでは，この条件付き最大化を CM-step

で実行する．

$\mathbf{y} = [y_1, \ldots, y_n]$ に欠測が含まれる場合の最尤推定を考える．観測部分を $\mathbf{y}_{\rm obs} = [y_1, \ldots, y_{n_0}]$，欠測部分を $\mathbf{y}_{\rm mis} = [y_{n_0+1}, \ldots, y_n]$ で表すと，$\mathbf{y} = [\mathbf{y}_{\rm obs}, \mathbf{y}_{\rm mis}]$ となる．また，$\mathbf{w}$ についてもこの分割に対応させて $\mathbf{w} = [\mathbf{w}_{\rm obs}, \mathbf{w}_{\rm mis}]$ とする．

初期値 $\boldsymbol{\beta}^{(0)}$ を与えたとき，ECM アルゴリズムは次の計算をおこなう：

E-step: $\mathbf{y}_{\rm mis}$ に対応する $\mathbf{w}_{\rm mis}$ と $\boldsymbol{\beta}^{(t)}$ が与えられたとき，

$$\mathbf{y}_{\rm mis}^{(t+1)} = \boldsymbol{\beta}^{(t)\top}\mathbf{w}_{\rm mis}$$

を計算し，$\mathbf{y}^{(t+1)} = [\mathbf{y}_{\rm obs}, \mathbf{y}_{\rm mis}^{(t+1)}]$ を生成する．

CM1-step: $\boldsymbol{\Sigma}^{(t)}$ と $\mathbf{y}^{(t+1)}$ が与えられたとき，式 (5.11) により，

$$\boldsymbol{\beta}^{(t+1)} = \left\{\sum_{i=1}^{n} \mathbf{w}_i^\top \boldsymbol{\Sigma}^{(t)-1}\mathbf{w}_i\right\}^{-1} \left\{\sum_{i=1}^{n} \mathbf{w}_i^\top \boldsymbol{\Sigma}^{(t)-1}\mathbf{y}_i^{(t+1)}\right\}$$

を計算する．

CM2-step: $\boldsymbol{\beta}^{(t+1)}$ と $\mathbf{y}^{(t+1)}$ が与えられたとき，式 (5.12) により，

$$\boldsymbol{\Sigma}^{(t+1)} = \frac{1}{n}\sum_{i=1}^{n}(\mathbf{y}_i^{(t+1)} - \boldsymbol{\beta}^{(t+1)\top}\mathbf{w}_i)^\top(\mathbf{y}_i^{(t+1)} - \boldsymbol{\beta}^{(t+1)\top}\mathbf{w}_i)$$

を計算する．

●対数線形モデル

表 5.1 のような $2 \times 2 \times 2$ 分割表を考える．ここで，セル度数 $\mathbf{y} = [y_{111}, \ldots, y_{222}]^\top$ がパラメータ $\boldsymbol{\theta} = [\theta_{111}, \ldots, \theta_{222}]^\top$ をもつ多項分布に従うと仮定する．

いま，$\mathbf{y}$ に対して 3 次交互作用のない対数線形モデルを考える．このとき，$\boldsymbol{\theta}$ の最尤推定値の計算には反復法が必要であり，**IPFP**(Iterative Proportional Fitting Procedure) が用いられる．IPFP を詳細に解説した本に Bishop et al. (1974) がある．

表 5.1 $2 \times 2 \times 2$ 分割表

		$Y_3 = 1$	$Y_3 = 2$
$Y_1 = 1$	$Y_2 = 1$	y_{111}	y_{112}
	$Y_2 = 2$	y_{121}	y_{122}
$Y_1 = 2$	$Y_2 = 1$	y_{211}	y_{212}
	$Y_2 = 2$	y_{221}	y_{222}

$\mathbf{y}$ と初期値 $\boldsymbol{\theta}^{(0)}$ が与えられたとき，IPFP による $\boldsymbol{\theta}$ の最尤推定値は次の反復式を繰り返すことで求められる：

$$\theta_{ijk}^{(t+1/3)} = \theta_{ij(k)}^{(t)} \frac{y_{ij+}}{y_{+++}}, \tag{5.13}$$

$$\theta_{ijk}^{(t+2/3)} = \theta_{i(j)k}^{(t+1/3)} \frac{y_{i+k}}{y_{+++}}, \tag{5.14}$$

$$\theta_{ijk}^{(t+1)} = \theta_{(i)jk}^{(t+2/3)} \frac{y_{+jk}}{y_{+++}} \tag{5.15}$$

ここで，

$$\theta_{ij(k)} = \frac{\theta_{ijk}}{\theta_{ij+}}, \quad \theta_{i(j)k} = \frac{\theta_{ijk}}{\theta_{i+k}}, \quad \theta_{(i)jk} = \frac{\theta_{ijk}}{\theta_{+jk}}$$

である．このとき，

$$\ell_o(\boldsymbol{\theta}^{(t+1)}) \geq \ell_o(\boldsymbol{\theta}^{(t+2/3)}) \geq \ell_o(\boldsymbol{\theta}^{(t+1/3)}) \geq \ell_o(\boldsymbol{\theta}^{(t)}) \tag{5.16}$$

が成り立ち，$\{\theta_{ij(k)}^{(t+1/3)}\}_{i,j,k=1,2}$，$\{\theta_{i(j)k}^{(t+2/3)}\}_{i,j,k=1,2}$，$\{\theta_{(i)jk}^{(t+1)}\}_{i,j,k=1,2}$ を制約条件として，対数尤度関数の条件付き最大化をおこなっている．

表 5.2 の欠測を含む分割表を考える．ここで，$[Y_1, Y_2, Y_3]$ のすべてが観測された分割表 (a) のセル度数を $\mathbf{y}_{\text{obs}} = [y_{111}, \ldots, y_{222}]^\top$，$Y_1$ が欠測した分割表 (b) のセル度数を $\mathbf{y}_{\text{mis1}} = [r_{11}, \ldots, r_{22}]^\top$，$Y_2$ が欠測した分割表 (c) のセル度数を $\mathbf{y}_{\text{mis2}} = [c_{11}, \ldots, c_{22}]^\top$ で表す．さらに，$\mathbf{y}_{\text{mis1}}$ と $\mathbf{y}_{\text{mis2}}$ の欠測部分を埋めた疑似完全データを

表 5.2 欠測のある $2 \times 2 \times 2$ 分割表

		$Y_3 = 1$	$Y_3 = 2$
(a) すべて観測 $\mathbf{y}_{\text{obs}} = [y_{111}, \ldots, y_{222}]^\top$			
$Y_1 = 1$	$Y_2 = 1$	y_{111}	y_{112}
	$Y_2 = 2$	y_{121}	y_{122}
$Y_1 = 2$	$Y_2 = 1$	y_{211}	y_{212}
	$Y_2 = 2$	y_{221}	y_{222}
(b) Y_1 が欠測したデータ $\mathbf{y}_{\text{mis1}} = [r_{11}, \ldots, r_{22}]^\top$			
$Y_1 = *$	$Y_2 = 1$	r_{11}	r_{12}
	$Y_2 = 2$	r_{21}	r_{22}
(c) Y_2 が欠測したデータ $\mathbf{y}_{\text{mis2}} = [c_{11}, \ldots, c_{22}]^\top$			
$Y_1 = 1$	$Y_2 = *$	c_{11}	c_{12}
$Y_1 = 2$	$Y_2 = *$	c_{21}	c_{22}

$$
\tilde{\mathbf{y}}_{\text{mis1}} = \left\{ \tilde{r}_{ijk} \;\middle|\; \sum_{i=1,2} \tilde{r}_{ijk} = r_{jk} \right\},
$$

$$
\tilde{\mathbf{y}}_{\text{mis2}} = \left\{ \tilde{c}_{ijk} \;\middle|\; \sum_{j=1,2} \tilde{c}_{ijk} = c_{ik} \right\}
$$

で表し,

$$
\mathbf{x} = \mathbf{y}_{\text{obs}} + \tilde{\mathbf{y}}_{\text{mis1}} + \tilde{\mathbf{y}}_{\text{mis2}}
$$

とする. このとき, $\mathbf{x}$ はパラメータ $\boldsymbol{\theta} = [\theta_{111}, \ldots, \theta_{222}]^\top$ をもつ多項分布に従うと仮定する.

3 次交互作用なしの対数線形モデルのもとで $\boldsymbol{\theta}$ の最尤推定をおこなうとき,

$$
g_1(\boldsymbol{\theta}) = \{\theta_{ij(k)}\}_{i,j,k=1,2},
$$

$$
g_2(\boldsymbol{\theta}) = \{\theta_{i(j)k}\}_{i,j,k=1,2},
$$

$$
g_3(\boldsymbol{\theta}) = \{\theta_{(i)jk}\}_{i,j,k=1,2}
$$

を制約条件に課すことになり, CM-step における $\boldsymbol{\theta}$ の更新に式 (5.13) から式 (5.15) による IPFP を用いる. 初期値 $\boldsymbol{\theta}^{(0)}$ を与えたとき, ECM アルゴリズムは次の E-step と CM-step を繰り返す：

E-step: $\mathbf{y}$ と $\boldsymbol{\theta}^{(t)}$ が与えられたとき，$\tilde{\mathbf{y}}_{\text{mis1}}$ と $\tilde{\mathbf{y}}_{\text{mis2}}$ を

$$\tilde{r}_{ijk}^{(t+1)} = r_{jk}\frac{\theta_{ijk}^{(t)}}{\theta_{+jk}^{(t)}} = r_{jk}\theta_{(i)jk}^{(t)}, \quad \tilde{c}_{ijk}^{(t+1)} = c_{ik}\frac{\theta_{ijk}^{(t)}}{\theta_{i+k}^{(t)}} = c_{ik}\theta_{i(j)k}^{(t)}$$

から計算し，

$$x_{ijk}^{(t+1)} = y_{ijk} + \tilde{r}_{ijk}^{(t+1)} + \tilde{c}_{ijk}^{(t+1)}$$

により，$\mathbf{x}^{(t+1)}$ を更新する．

CM1-step: $\mathbf{x}^{(t+1)}$ と $g_1(\boldsymbol{\theta}^{(t)})$ が与えられたとき，

$$\theta_{ijk}^{(t+1/3)} = \theta_{ij(k)}^{(t)}\frac{x_{ij+}^{(t+1)}}{x_{+++}^{(t+1)}}$$

により $\boldsymbol{\theta}^{(t+1/3)}$ を計算する．

CM2-step: $\mathbf{x}^{(t+1)}$ と $g_2(\boldsymbol{\theta}^{(t+1/3)})$ が与えられたとき，

$$\theta_{ijk}^{(t+2/3)} = \theta_{i(j)k}^{(t+1/3)}\frac{x_{i+k}^{(t+1)}}{x_{+++}^{(t+1)}}$$

により $\boldsymbol{\theta}^{(t+2/3)}$ を計算する．

CM3-step: $\mathbf{x}^{(t+1)}$ と $g_3(\boldsymbol{\theta}^{(t+2/3)})$ が与えられたとき，

$$\theta_{ijk}^{(t+1)} = \theta_{(i)jk}^{(t+2/3)}\frac{x_{+jk}^{(t+1)}}{x_{+++}^{(t+1)}}$$

により $\boldsymbol{\theta}^{(t+1)}$ を計算する．

【例 5.1】（対数線形モデル） 表 5.3 は 2 つの診療所 (Y_1) における妊婦健診の回数 (Y_2) と幼児の生死 (Y_3) に関する分割表である．ここで，分割表 (a) は Bishop et al. (1974) の表 2.4-2 で与えられたものであり，表 5.3 (b) と (c) は人工データである．この分割表に対して 3 次交互作用のない対数線形モデルを仮定し，ECM アルゴリズムを適用する．

表 5.3 2つの診療所における妊婦健診の回数と幼児の生死に関する3元分割表

診療所 (Y_1)	妊婦検診の回数 (Y_2)	幼児の生死 (Y_3) Y_3 = 死亡	Y_3 = 生存
(a) (Y_1, Y_2, Y_3) のすべてを観測：$\mathbf{y}_{\mathrm{obs}}$			
$Y_1 = A$	Y_2 = 少ない	3	176
	Y_2 = 多い	4	293
$Y_2 = B$	Y_2 = 少ない	17	197
	Y_2 = 多い	2	23
(b) Y_1 が欠測：$\mathbf{y}_{\mathrm{mis1}}$			
$Y_1 = *$	Y_2 = 少ない	50	500
	Y_2 = 多い	25	250
(c) Y_2 が欠測：$\mathbf{y}_{\mathrm{mis2}}$			
$Y_1 = A$	$Y_2 = *$	30	300
$Y_1 = B$	$Y_2 = *$	90	900

収束判定基準を $\|\boldsymbol{\theta}^{(t+1)} - \boldsymbol{\theta}^{(t)}\|^2 < 10^{-8}$ としたとき，ECM アルゴリズムは 15 回の反復で収束し，$\boldsymbol{\theta}$ の最尤推定値は

$$\boldsymbol{\theta}^* = [0.0065, 0.0476, 0.0137, 0.0094, 0.1394, 0.4840, 0.2381, 0.0613]^\top \tag{5.17}$$

であった．

図 5.1 は ECM アルゴリズムで生成された $\{\ell_o(\boldsymbol{\theta}^{(t)})\}_{1\le t\le 15}$ をプロットしたものである．この図より，ECM アルゴリズムは

$$\ell(\boldsymbol{\theta}^{(t+1)}) \ge \ell(\boldsymbol{\theta}^{(t)})$$

となる $\{\boldsymbol{\theta}^{(t)}\}_{1\le t\le 15}$ を推定していることがわかる．図 5.2 は各 CM-step における $\ell_o(\boldsymbol{\theta}^{(t+1/3)})$，$\ell_o(\boldsymbol{\theta}^{(t+2/3)})$，$\ell_o(\boldsymbol{\theta}^{(t+1)})$ $(t = 0, \ldots, 9)$ をプロットしたものであり，CM-step 内の計算においても対数尤度関数は式 (5.16) を満たしていることが確認できる．

ECM アルゴリズムは空間充足を満たす $\mathcal{G} = \{g_s(\boldsymbol{\theta})\}_{s=1,\ldots,S}$ により CM-step を構成するが，$g_s(\boldsymbol{\theta})$ の順序をどう決定するかについての規則はない．van Dyk & Meng (1997) は，CM-step の実行順序が ECM アル

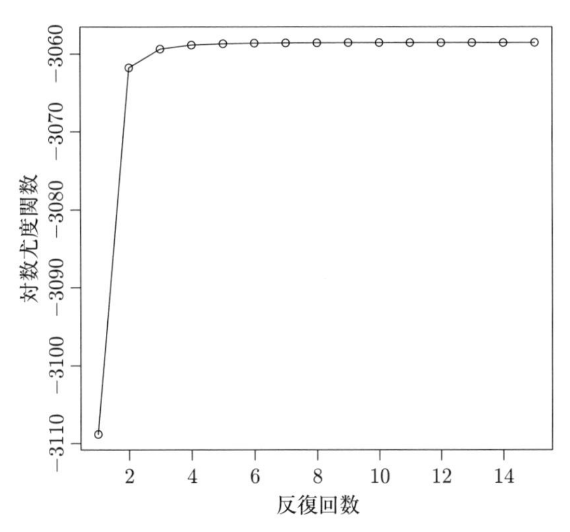

図 5.1 $\{\ell_o(\boldsymbol{\theta})^{(t)}\}_{1\le t\le 15}$ のプロット

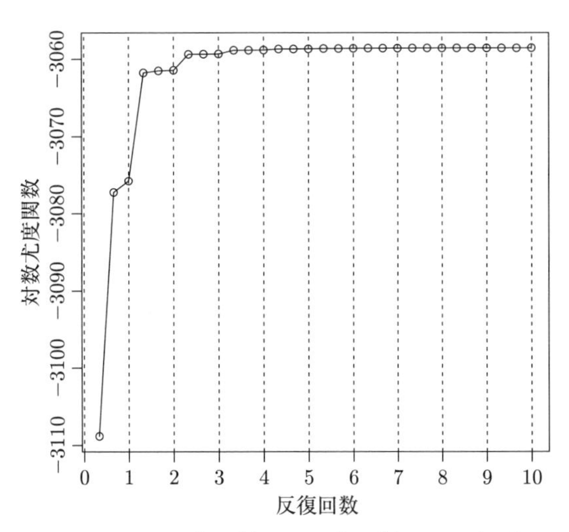

図 5.2 CM-step における $\ell_o(\boldsymbol{\theta}^{(t+1/3)})$，$\ell_o(\boldsymbol{\theta}^{(t+2/3)})$，$\ell_o(\boldsymbol{\theta}^{(t+1)})$ $(t = 0,\ldots,9)$ のプロット

表 5.4 CM-step の計算順序と収束回数

CM-step の順序	反復回数
CM1 → CM2 → CM3	15
CM2 → CM1 → CM3	16
CM2 → CM3 → CM1	17
CM1 → CM3 → CM2	19
CM3 → CM2 → CM1	21
CM3 → CM1 → CM2	22

ゴリズムの収束に影響しないことを示し，収束までの反復回数がこの実行順序に関係することを数値実験により検証している．表 5.4 は CM-step において課す制約条件の順番と反復回数についてまとめたものである．この表より，CM-step の計算順序によって反復回数が異なることがわかる．ただし，$\|\boldsymbol{\theta}^{(t+1)} - \boldsymbol{\theta}^{(t)}\|^2 < 10^{-8}$ の判定基準において，CM-step の計算順序と関係なく同じ最尤推定値 (5.17) に収束している．

5.2 Monte Carlo EM アルゴリズム

EM アルゴリズムの M-step において，$\boldsymbol{\theta}$ の更新式が明示的に与えられないとき，その拡張として ECM アルゴリズムがあった．E-step においても，条件付き期待値

$$Q(\boldsymbol{\theta}'|\boldsymbol{\theta}) = \mathrm{E}\left[\ell_c(\boldsymbol{\theta}')\middle|\mathbf{y}, \boldsymbol{\theta}\right] = \int_{\Omega_\mathbf{z}} \ell_c(\boldsymbol{\theta}') f(\mathbf{z}|\mathbf{y}, \boldsymbol{\theta}) d\mathbf{z}$$
$$= \int_{\Omega_\mathbf{z}} \ln f(\mathbf{x}|\boldsymbol{\theta}') f(\mathbf{z}|\mathbf{y}, \boldsymbol{\theta}) d\mathbf{z} \tag{5.18}$$

の解析的計算が困難な場合がある．Wei & Tanner (1990) は**モンテカルロ積分**により，E-step の積分計算 (5.18) を近似する Monte Carlo EM (MCEM) アルゴリズムを提案した．このアルゴリズムは一般化線形混合モデルの最尤推定に用いることができ，Booth & Hobert (1999) や Jank & Booth (2003)，Caffo et al. (2005) などの研究がある．

E-step をモンテカルロ積分による Monte Carlo E-step (MCE-step) で

置き換えたMCEMアルゴリズムは次の手順で与えられる：

MCE-step: 観測データ $\mathbf{y}$ と $\boldsymbol{\theta}^{(t)}$ が与えられたとき，確率密度関数に $f(\mathbf{z}|\mathbf{y},\boldsymbol{\theta}^{(t)})$ をもつ $\mathbf{z}$ が従う条件付き予測分布から $\mathbf{z}^{(1)},\ldots,\mathbf{z}^{(L)}$ を生成し，$\mathbf{x}^{(1)},\ldots,\mathbf{x}^{(L)}$ を得る．ここで，$\mathbf{x}^{(l)}=[\mathbf{y},\mathbf{z}^{(l)}]^\top$ である．$\mathbf{x}^{(1)},\ldots,\mathbf{x}^{(L)}$ を用いてモンテカルロ法により $Q(\boldsymbol{\theta}|\boldsymbol{\theta}^{(t)})$ を計算する：

$$Q(\boldsymbol{\theta}|\boldsymbol{\theta}^{(t)})=\frac{1}{L}\sum_{l=1}^{L}\ell_c(\boldsymbol{\theta})=\frac{1}{L}\sum_{l=1}^{L}\ln f(\mathbf{x}^{(l)}|\boldsymbol{\theta}) \tag{5.19}$$

M-step: 任意の $\boldsymbol{\theta}\in\Omega_{\boldsymbol{\theta}}$ に対し，$Q(\boldsymbol{\theta}^{(t+1)}|\boldsymbol{\theta}^{(t)})\geq Q(\boldsymbol{\theta}|\boldsymbol{\theta}^{(t)})$ となるような $\boldsymbol{\theta}^{(t+1)}$ を選択する：

$$\boldsymbol{\theta}^{(t+1)}=\arg\max_{\boldsymbol{\theta}\in\Omega_{\boldsymbol{\theta}}}Q(\boldsymbol{\theta}|\boldsymbol{\theta}^{(t)})$$

上記の手順を繰り返し $\boldsymbol{\theta}^*$ を得たとき，その最後のMCE-stepで生成した $\mathbf{x}^{(1)},\ldots,\mathbf{x}^{(L)}$ を用いて，漸近分散共分散行列 $\mathrm{V}_o[\boldsymbol{\theta}^*]$ を求めることができる．この計算には，4.1.1 項で示したLouis (1982) の方法によるモンテカルロ近似 (4.8) を用いればよい．

MCE-stepにおいて予測分布からの標本生成が困難な場合，Gibbs sampler またはMetropolis-Hastings アルゴリズムといったマルコフ連鎖モンテカルロ (Markov chain Monte Carlo: MCMC) を用いることができる (McCulloch, 1994, 1997)．マルコフ連鎖モンテカルロの解説については，小西ら (2008) やGamerman & Lopes (2006) などがある．

MECMアルゴリズムの理論的根拠は，MCE-stepで生成される $\mathbf{x}^{(1)}$, $\ldots,\mathbf{x}^{(L)}$ が独立標本であり，大数の法則により $l\to\infty$ のとき，

$$\frac{1}{L}\sum_{l=1}^{L}\ln f(\mathbf{x}^{(l)}|\boldsymbol{\theta}')\to\int_{\Omega_{\mathbf{z}}}\ln f(\mathbf{x}|\boldsymbol{\theta}')f(\mathbf{z}|\mathbf{y},\boldsymbol{\theta})d\mathbf{z}$$

と確率1で収束することにある．また，式 (5.18) に対するモンテカルロ

積分 (5.19) の近似精度はモンテカルロ誤差で評価でき，その誤差は $1/\sqrt{L}$ で減少していく．

MCEM アルゴリズムの実際の適用において，モンテカルロ法の標本サイズ L の設定が必要となる．モンテカルロ近似の精度（モンテカルロ誤差）の観点から考えると L を大きくすべきであるが，一方で標本生成の計算コストも考慮する必要がある．このため，MCEM アルゴリズムの初期の段階では L を小さく設定し，反復回数が増えていくに従い L を大きく設定していくことが効率的である．Booth & Hobert (1999) は L の大きさを MCEM アルゴリズムの反復過程で自動的に決定する Automated MCEM アルゴリズムを提案している．Caffo et al. (2005) は勾配法をベースにした L を自動的に設定する手続きを MCEM アルゴリズムの計算ステップに組み込んでいる．Levine & Casella (2001) は MCE-step での標本生成の計算コストを減らすための方法を提案している．

MCEM アルゴリズムの収束に関して，いくつかの判定基準が提案されている．Booth & Hobert (1999) では，$\boldsymbol{\theta}^{(t-2)}, \boldsymbol{\theta}^{(t-1)}, \boldsymbol{\theta}^{(t)}, \boldsymbol{\theta}^{(t+1)}$ において，

$$\max_{1\le i\le p}\left\{\frac{|\theta_i^{(t-1)}-\theta_i^{(t-2)}|}{|\theta_i^{(t-1)}|+\delta_0}\right\}<\delta,$$
$$\max_{1\le i\le p}\left\{\frac{|\theta_i^{(t)}-\theta_i^{(t-1)}|}{|\theta_i^{(t)}|+\delta_0}\right\}<\delta,$$
$$\max_{1\le i\le p}\left\{\frac{|\theta_i^{(t+1)}-\theta_i^{(t)}|}{|\theta_i^{(t+1)}|+\delta_0}\right\}<\delta$$

がすべて成り立つ場合にアルゴリズムを停止する．Chan & Ledolter (1995) は

$$\ell_o(\boldsymbol{\theta}^{(t+1)})-\ell_o(\boldsymbol{\theta}^{(t)})<\delta$$

を，Caffo et al. (2005) は

$$Q(\boldsymbol{\theta}^{(t+1)}|\boldsymbol{\theta}^{(t)})-Q(\boldsymbol{\theta}^{(t)}|\boldsymbol{\theta}^{(t)})<\delta$$

を停止基準としている．ここで，δ_0 と δ は任意の正の実数である．

MCEM アルゴリズムの収束性については，EM アルゴリズムのそれと比べると複雑であり，Chan & Ledolter (1995) や Neath (2002) に詳しい議論がある．

5.3 Data Augmentation アルゴリズム

EM アルゴリズムが $\boldsymbol{\theta}$ の最尤推定のための反復法であるのに対し，マルコフ連鎖モンテカルロは $\boldsymbol{\theta}$ の事後分布を評価するベイズ推定法として利用される．Data Augmentation (DA) アルゴリズムは Tanner & Wong (1987) により提案されたベイズ推定のためのマルコフ連鎖モンテカルロの 1 つである．

観測データ $\mathbf{y}$ と欠測データ $\mathbf{z}$ からなる疑似完全データ $\mathbf{x} = [\mathbf{y}, \mathbf{z}]^\top$ が $\boldsymbol{\theta}$ をパラメータにもつ確率分布に従い，その確率密度関数を $f(\mathbf{x}|\boldsymbol{\theta})$ とする．また，$\boldsymbol{\theta}$ の事前分布を仮定し，その確率密度関数を $\pi(\boldsymbol{\theta})$ とする．$\mathbf{x}$ が与えられたとき，$\boldsymbol{\theta}$ の事後分布の密度関数（事後密度関数）は，ベイズの定理により，

$$\pi(\boldsymbol{\theta}|\mathbf{x}) = \frac{\pi(\boldsymbol{\theta})f(\mathbf{x}|\boldsymbol{\theta})}{\displaystyle\int_{\Omega_\theta} \pi(\boldsymbol{\theta}|\mathbf{x})f(\mathbf{x}|\boldsymbol{\theta})d\boldsymbol{\theta}} = \frac{\pi(\boldsymbol{\theta})f(\mathbf{x}|\boldsymbol{\theta})}{f(\mathbf{x})} \tag{5.20}$$

で求めることができる．これより，$\mathbf{y}$ が与えられたもとでの $\boldsymbol{\theta}$ の事後密度関数は，関数 (5.20) を用いて得ることができる：

$$\pi(\boldsymbol{\theta}|\mathbf{y}) = \int_{\Omega_\mathbf{z}} \pi(\boldsymbol{\theta}|\mathbf{x})f(\mathbf{z}|\mathbf{y})d\mathbf{z} \tag{5.21}$$

ここで，$f(\mathbf{z}|\mathbf{y})$ は $\mathbf{y}$ が与えられたもとでの $\mathbf{z}$ の従う予測分布の確率密度関数であり，

$$f(\mathbf{z}|\mathbf{y}) = \int_{\Omega_\theta} f(\mathbf{z}|\mathbf{y}, \boldsymbol{\theta})\pi(\boldsymbol{\theta}|\mathbf{y})d\boldsymbol{\theta} \tag{5.22}$$

である．式 (5.21) と式 (5.22) が示すように，$f(\mathbf{z}|\mathbf{y})$ を求めるには $\pi(\boldsymbol{\theta}|\mathbf{y})$ が必要となり，逆に，$\pi(\boldsymbol{\theta}|\mathbf{y})$ の計算には $f(\mathbf{z}|\mathbf{y})$ が必要である．すなわ

ち，$f(\mathbf{z}|\mathbf{y})$ と $\pi(\boldsymbol{\theta}|\mathbf{y})$ は交互に計算しなければならない．DA アルゴリズムでは，これらの分布に従う L 個の標本をそれぞれ生成し，モンテカルロ法により $\boldsymbol{\theta}$ の事後分布を評価する．

DA アルゴリズムの計算ステップは，Rubin (1987) による多重代入法 (Multiple Imputation) を用いた Imputation step (I-step) と，モンテカルロ法により事後分布を求める Posterior step (P-step) からなる：

I-step:　次の2つのステップを L 回繰り返すことによって，$\mathbf{x}^{(t,1)}, \ldots, \mathbf{x}^{(t,L)}$ を得る：

I1-step:　$\pi^{(t)}(\boldsymbol{\theta}|\mathbf{y})$ を求めた L 個の $\pi(\boldsymbol{\theta}|\mathbf{x}^{(t,1)}), \ldots, \pi(\boldsymbol{\theta}|\mathbf{x}^{(t,L)})$ から1つを確率 $1/L$ で選び，これを確率密度関数としてもつ確率分布に従う $\boldsymbol{\theta}^{(t,l)}$ を生成する．

I2-step:　$\boldsymbol{\theta}^{(t,l)}$ が与えられたとき，確率密度関数が $f(\mathbf{z}|\mathbf{y}, \boldsymbol{\theta}^{(t,l)})$ である条件付き予測分布に従う $\mathbf{z}^{(t+1,l)}$ を生成し，$\mathbf{x}^{(t+1,l)} = [\mathbf{y}, \mathbf{z}^{(t+1,l)}]^\top$ を得る．

P-step:　$\mathbf{x}^{(t+1,1)}, \ldots, \mathbf{x}^{(t+1,L)}$ を用いて，事後密度関数 $\pi(\boldsymbol{\theta}|\mathbf{y})$ をモンテカルロ法により計算する：

$$\pi^{(t+1)}(\boldsymbol{\theta}|\mathbf{y}) = \frac{1}{L}\sum_{l=1}^{L} \pi(\boldsymbol{\theta}|\mathbf{x}^{(t+1,l)}) \tag{5.23}$$

DA アルゴリズムが有効であるのは，$\mathbf{y}$ の事後密度関数 $\pi(\boldsymbol{\theta}|\mathbf{y})$ は複雑であるが，$\mathbf{x}$ が得られたもとでの関数 $\pi(\boldsymbol{\theta}|\mathbf{x})$ は比較的扱いやすく，$\boldsymbol{\theta}$ の生成が容易である場合である．

ベイズ統計の枠組みにおいて $\boldsymbol{\theta}$ の推論をおこなうとき，DA アルゴリズムにより得られた $\pi(\boldsymbol{\theta}|\mathbf{y})$ から，$\boldsymbol{\theta}$ の事後平均 $\mathrm{E}[\boldsymbol{\theta}|\mathbf{y}]$ や事後分散共分散行列 $\mathrm{V}[\boldsymbol{\theta}|\mathbf{y}]$ などの特性値の計算，さらには，最高事後密度領域による信用区間 (credible interval) を構成することができる，

DA アルゴリズムは EM アルゴリズムと類似点が多く，EM アルゴリズムの確率的 (stochastic) アルゴリズムとして DA アルゴリズムをみることができると Tanner & Wong (1987) は述べている．これは，予測分布

から $\mathbf{z}$ の標本を生成する I-step が E-step の代替であり，事後分布から $\boldsymbol{\theta}$ の標本を生成する P-step が M-step の代替とみることができるからである．この関係は ECM アルゴリズムと Gibbs sampling アルゴリズムにもある．van Dyk & Meng (2010) では，EM アルゴリズムとマルコフ連鎖モンテカルロの関係性について解説している．

DA アルゴリズムの拡張アルゴリズムとして，Poor Man's Data Augmenation (PMDA) アルゴリズムがある．これは，MCEM アルゴリズムと DA アルゴリズムを組み合わせたものであり，Wei & Tanner (1990) によって提案された．PMDA アルゴリズムでは，MCEM アルゴリズムで求めた推定値 $\boldsymbol{\theta}^*$ を DA アルゴリズムの I-step で生成する $\mathbf{x}^{(1)}, \ldots, \mathbf{x}^{(L)}$ に用いる．このため，DA アルゴリズムと異なり，PMDA アルゴリズムは I-step と P-step を繰り返さない非反復アルゴリズムになる：

I-step: 観測データ $\mathbf{y}$ と $\boldsymbol{\theta}^*$ が与えられたとき，確率密度関数に $f(\mathbf{z}|\mathbf{y}, \boldsymbol{\theta}^*)$ をもつ条件付き予測分布に従う $\mathbf{z}^{(1)}, \ldots, \mathbf{z}^{(L)}$ を生成し，$\mathbf{x}^{(1)}, \ldots, \mathbf{x}^{(L)}$ を得る．

P-step: $\mathbf{x}^{(1)}, \ldots, \mathbf{x}^{(L)}$ を用いて，事後密度関数 $\pi(\boldsymbol{\theta}|\mathbf{y})$ をモンテカルロ法により計算する：

$$\pi(\boldsymbol{\theta}|\mathbf{y}) = \frac{1}{L}\sum_{l=1}^{L}\pi(\boldsymbol{\theta}|\mathbf{x}^{(l)})$$

また，予測分布から $\mathbf{z}$ の標本生成が比較的容易なとき，Importance Sampling アルゴリズムによる事後分布の計算が可能になる．

I-step: 観測データ $\mathbf{y}$ が与えられたとき，確率密度関数に $f(\mathbf{z}|\mathbf{y}, \boldsymbol{\theta}^*)$ をもつ条件付き予測分布に従う $\mathbf{z}^{(1)}, \ldots, \mathbf{z}^{(L)}$ を生成し，$\mathbf{x}^{(1)}, \ldots, \mathbf{x}^{(L)}$ を得る．$\mathbf{z}^{(1)}, \ldots, \mathbf{z}^{(L)}$ を用いて，加重比率 ω_l ($l = 1, \ldots, L$) を計算する：

$$\omega_l = \frac{f(\mathbf{z}^{(l)}|\mathbf{y})}{f(\mathbf{z}^{(l)}|\mathbf{y}, \boldsymbol{\theta}^*)}$$

P-step:　事後密度関数 $\pi(\boldsymbol{\theta}|\mathbf{y})$ を

$$\pi(\boldsymbol{\theta}|\mathbf{y}) = \sum_{l=1}^{L} \omega_l \pi(\boldsymbol{\theta}|\mathbf{x}^{(l)}) \Big/ \sum_{l=1}^{L} \omega_l$$

により計算する.

Wei & Tanner (1990) は，この他にも I-step の予測分布の計算をラプラス近似でおこなう方法も提案している.

第6章

EMアルゴリズムの加速

6.1 EMアルゴリズムの加速法について

EMアルゴリズムの適用において，その収束の遅さが問題点として指摘される．3.2.3項で示したように，これはEMアルゴリズムが1次収束することによるものであり，欠測率の高いデータではその収束はさらに遅くなる．そこで，収束の次数の高い数値解法をEMアルゴリズムと組み合わせ，その収束を加速する方法が提案されている．ここでは，Louis (1982)によるAitken加速法を用いたLouis's turbo EMアルゴリズム，Jamshidian & Jennrich (1993)による共役勾配法を用いたAccelerated EM (AEM)アルゴリズム，そして，Jamshidian & Jennrich (1997)による準ニュートン法を用いたQN1アルゴリズムとQN2アルゴリズムを紹介する．

上記の方法とは別のアプローチとして，補外法を用いた加速法も提案されている．その中に，Kuroda & Sakakihara (2006)によるvector ε法を用いたε-accelerated EMアルゴリズム，さらに，この加速アルゴリズムにre-starting stepを組み込むことで収束スピードを改良したεR-accelerated EMアルゴリズム(Kuroda et al., 2015)がある．これら2つの加速法も解説する．

6.2 非線形方程式系の反復法

非線形方程式系

$$g(\boldsymbol{\theta}) = \mathbf{0}$$

を解くための数値解法として，ニュートン・ラフソン法，準ニュートン法，共役勾配法などがある．これらは，

$$\begin{aligned}\boldsymbol{\theta}^{(t+1)} &= \varphi(\boldsymbol{\theta}^{(t)}) \\ &= \boldsymbol{\theta}^{(t)} + \alpha^{(t)}\mathbf{d}^{(t)} \end{aligned} \tag{6.1}$$

によって $\{\boldsymbol{\theta}^{(t)}\}_{t\geq 0}$ を生成し，$\boldsymbol{\theta}^* = \varphi(\boldsymbol{\theta}^*)$ となる点 $\boldsymbol{\theta}^*$ を求める．ここで，$\alpha^{(t)}(> 0)$ はステップ幅 (step length) であり，Armijo 条件あるいは Wolfe 条件を満たすように直線探索法により決定する．また，$\mathbf{d}^{(t)}$ は探索方向 (search direction) であり，$g(\boldsymbol{\theta}^{(t)} + \mathbf{d}^{(t)})$ を $\boldsymbol{\theta}^{(t)}$ のまわりでテイラー展開し，

$$g(\boldsymbol{\theta}^{(t)} + \mathbf{d}^{(t)}) \approx g(\boldsymbol{\theta}^{(t)}) + Dg(\boldsymbol{\theta}^{(t)})^\top \mathbf{d}^{(t)} + \frac{1}{2}\mathbf{d}^{(t)\top} D^2 g(\boldsymbol{\theta}^{(t)})\mathbf{d}^{(t)}$$

で近似したときの右辺の関数

$$F(\mathbf{d}^{(t)}) = g(\boldsymbol{\theta}^{(t)}) + Dg(\boldsymbol{\theta}^{(t)})^\top \mathbf{d}^{(t)} + \frac{1}{2}\mathbf{d}^{(t)\top} D^2 g(\boldsymbol{\theta}^{(t)})\mathbf{d}^{(t)}$$

を局所的に最大化するように求められる．このとき，$\mathbf{d}^{(t)}$ の選び方はニュートン・ラフソン法，準ニュートン法，共役勾配法で異なる (矢部, 2006; 今野・山下, 1978).

これらの数値解法により EM アルゴリズムの加速をおこなうとき，対数尤度関数あるいは Q 関数の勾配ベクトル，さらに情報量行列の数値計算が EM アルゴリズムの各反復の中で必要となる．

6.2.1 Aitken 法による加速

EM アルゴリズムから

$$\boldsymbol{\theta}^{(t+1)} = M(\boldsymbol{\theta}^{(t)})$$

により生成される $\{\boldsymbol{\theta}^{(t)}\}_{t\geq 0}$ が $\boldsymbol{\theta}^*$ に収束すると仮定する．このとき，

$$\begin{aligned}\boldsymbol{\theta}^* &= \boldsymbol{\theta}^{(t)} + (\boldsymbol{\theta}^{(t+1)} - \boldsymbol{\theta}^{(t)}) + (\boldsymbol{\theta}^{(t+2)} - \boldsymbol{\theta}^{(t+1)}) + \cdots \\ &= \boldsymbol{\theta}^{(t)} + \sum_{l=0}^{\infty}(\boldsymbol{\theta}^{(t+l+1)} - \boldsymbol{\theta}^{(t+l)}) \end{aligned} \tag{6.2}$$

と書くことができる．また，

$$\boldsymbol{\theta}^{(t+l+1)} - \boldsymbol{\theta}^{(t+l)} = M(\boldsymbol{\theta}^{(t+l)}) - M(\boldsymbol{\theta}^{(t+l-1)}) \tag{6.3}$$

であり，$M(\boldsymbol{\theta}^{(t+l)})$ を $\boldsymbol{\theta}^{(t+l-1)}$ のまわりでテイラー展開するとき，式 (6.3) は

$$\begin{aligned}\boldsymbol{\theta}^{(t+l+1)} - \boldsymbol{\theta}^{(t+l)} &= M(\boldsymbol{\theta}^{(t+l)}) - M(\boldsymbol{\theta}^{(t+l-1)}) \\ &\approx DM(\boldsymbol{\theta}^{(t+l-1)})(\boldsymbol{\theta}^{(t+l)} - \boldsymbol{\theta}^{(t+l-1)})\end{aligned}$$

となる．ここで，$\boldsymbol{\theta}^{(t)}$ が $\boldsymbol{\theta}^*$ の近傍にあるとするとき，

$$\boldsymbol{\theta}^{(t+l+1)} - \boldsymbol{\theta}^{(t+l)} \approx DM(\boldsymbol{\theta}^*)(\boldsymbol{\theta}^{(t+l)} - \boldsymbol{\theta}^{(t+l-1)})$$

となる．これを式 (6.2) に代入し，

$$\begin{aligned}\boldsymbol{\theta}^* &\approx \boldsymbol{\theta}^{(t)} + \sum_{l=0}^{\infty} DM(\boldsymbol{\theta}^*)(\boldsymbol{\theta}^{(t+l+1)} - \boldsymbol{\theta}^{(t+l)}) \\ &= \boldsymbol{\theta}^{(t)} + \sum_{l=0}^{\infty} DM(\boldsymbol{\theta}^*)^l(\boldsymbol{\theta}^{(t+1)} - \boldsymbol{\theta}^{(t)})\end{aligned}$$

を得る．さらに，$DM(\boldsymbol{\theta}^*)$ の固有値が 0 から 1 の範囲にあるとき，$\sum_{l=0}^{\infty} DM(\boldsymbol{\theta}^*)^l$ が $\{I_p - DM(\boldsymbol{\theta}^*)\}^{-1}$ に収束することを利用すると，

$$\boldsymbol{\theta}^* \approx \boldsymbol{\theta}^{(t)} + \{I_p - DM(\boldsymbol{\theta}^*)\}^{-1}(\boldsymbol{\theta}^{(t+1)} - \boldsymbol{\theta}^{(t)}) \tag{6.4}$$

となる．式 (3.19) から，

$$DM(\boldsymbol{\theta}^{(t)}) = I_p - \mathcal{I}_c(\boldsymbol{\theta}^{(t)})^{-1}\mathcal{I}_o(\boldsymbol{\theta}^{(t)})$$

であるので，式 (6.4) は

$$\boldsymbol{\theta}^* \approx \boldsymbol{\theta}^{(t)} + \mathcal{I}_o(\boldsymbol{\theta}^{(t)})^{-1}\mathcal{I}_c(\boldsymbol{\theta}^{(t)})(\boldsymbol{\theta}^{(t+1)} - \boldsymbol{\theta}^{(t)}) \tag{6.5}$$

となる．Louis (1982) では式 (6.5) を Aitken 加速と呼び，これを利用して EM アルゴリズムの収束を加速する **Louis's turbo EM アルゴリズム**を提案した．この呼び方は Tanner (1996) による．

Aitken 加速 (6.5) による Louis's turbo EM アルゴリズムは次の手順で与えられる：

Step 0: 初期値 $\boldsymbol{\theta}^{(0)}$ を設定する．

Step 1: EM アルゴリズムから $\tilde{\boldsymbol{\theta}}^{(t)}$ を求める：

$$\tilde{\boldsymbol{\theta}}^{(t)} = M(\boldsymbol{\theta}^{(t)})$$

Step 2: $\tilde{\boldsymbol{\theta}}^{(t)}$ を用いて

$$\boldsymbol{\theta}^{(t+1)} = \boldsymbol{\theta}^{(t)} + \mathcal{I}_o(\boldsymbol{\theta}^{(t)})^{-1}\mathcal{I}_c(\boldsymbol{\theta}^{(t)})(\tilde{\boldsymbol{\theta}}^{(t)} - \boldsymbol{\theta}^{(t)}) \tag{6.6}$$

を計算する．

Step 3: 指定した収束条件を満たしていれば，$\boldsymbol{\theta}^{(t+1)}$ を最尤推定値とし計算を終了する．そうでなければ，Step 1 に戻る．

Louis's turbo EM アルゴリズムで生成される $\{\boldsymbol{\theta}^{(t)}\}_{t\geq 0}$ は通常の EM アルゴリズムで生成される列よりも速く収束する．ただし，このアルゴリズムによる加速の有効性は，ある程度の回数の EM アルゴリズムの反復後に発揮される．これは，上で述べたように $\boldsymbol{\theta}^{(t)}$ が $\boldsymbol{\theta}^*$ の近傍にあることを仮定し，式 (6.5) を導出しているためである．

また，$D^{10}Q(\boldsymbol{\theta}|\boldsymbol{\theta}^{(t)})$ を $\boldsymbol{\theta}^{(t)}$ のまわりでテイラー展開すると，

$$D^{10}Q(\boldsymbol{\theta}|\boldsymbol{\theta}^{(t)}) \approx D^{10}Q(\boldsymbol{\theta}^{(t)}|\boldsymbol{\theta}^{(t)}) + D^{20}Q(\boldsymbol{\theta}^{(t)}|\boldsymbol{\theta}^{(t)})(\boldsymbol{\theta} - \boldsymbol{\theta}^{(t)})$$

となり，$\boldsymbol{\theta} = \tilde{\boldsymbol{\theta}}^{(t)}$ において $D^{10}Q(\tilde{\boldsymbol{\theta}}^{(t)}|\boldsymbol{\theta}^{(t)}) = \mathbf{0}$ を仮定すると，

$$(\tilde{\boldsymbol{\theta}}^{(t)} - \boldsymbol{\theta}^{(t)}) \approx -D^{20}Q(\boldsymbol{\theta}^{(t)}|\boldsymbol{\theta}^{(t)})^{-1}D^{10}Q(\boldsymbol{\theta}^{(t)}|\boldsymbol{\theta}^{(t)})$$
$$= \mathcal{I}_c(\boldsymbol{\theta}^{(t)})^{-1}D^{10}Q(\boldsymbol{\theta}^{(t)}|\boldsymbol{\theta}^{(t)}) \tag{6.7}$$

を得る．これより，式 (6.6) は

$$\boldsymbol{\theta}^{(t+1)} = \boldsymbol{\theta}^{(t)} + \mathcal{I}_o(\boldsymbol{\theta}^{(t)})^{-1}D^{10}Q(\boldsymbol{\theta}^{(t)}|\boldsymbol{\theta}^{(t)}) \tag{6.8}$$

と書くこともできる．これは，反復式 (6.1) において，

$$\alpha^{(t)} = 1, \quad \mathbf{d}^{(t)} = \mathcal{I}_o(\boldsymbol{\theta}^{(t)})^{-1}D^{10}Q(\boldsymbol{\theta}^{(t)}|\boldsymbol{\theta}^{(t)})$$

としたものである．

Meilijson (1989) は，$\boldsymbol{\theta}^{(t)}$ が $\boldsymbol{\theta}^*$ の近傍にあるとき，式 (6.8) による Louis's turbo EM アルゴリズムはニュートン・ラフソン法と同等であることを示した．したがって，Louis's turbo EM アルゴリズムは 2 次収束することが期待できる．しかし，情報量行列の導出の煩雑さと各反復における逆行列計算の不安定さなどの問題をこの加速アルゴリズムは含んでおり，実用性が高いとはいえない．Wang et al. (2008) による数値実験では，Louis's turbo EM アルゴリズムが収束しない例を示している．

6.2.2 共役勾配法による加速

共役勾配法により，ある関数 $g(\boldsymbol{\theta})$ を最大化する $\boldsymbol{\theta}^*$ を求めることを考える．初期値 $\boldsymbol{\theta}^{(0)}$ と $\mathbf{d}^{(0)} = Dg(\boldsymbol{\theta}^{(0)})$ が与えられたとき，共役勾配法の各反復では次の計算をおこなう：

Step 1: 直線探索法により，

$$\alpha^{(t)} = \arg\max_{\alpha>0} g(\boldsymbol{\theta}^{(t)} + \alpha\mathbf{d}^{(t)})$$

を求め，$\boldsymbol{\theta}^{(t)}$ を

$$\boldsymbol{\theta}^{(t+1)} = \boldsymbol{\theta}^{(t)} + \alpha^{(t)}\mathbf{d}^{(t)}$$

により更新する．

Step 2: Hestenes-Stiefel 公式により,

$$b^{(t)} = \frac{Dg(\boldsymbol{\theta}^{(t+1)})^\top \Delta Dg(\boldsymbol{\theta}^{(t)})}{\mathbf{d}^{(t)\top} \Delta Dg(\boldsymbol{\theta}^{(t)})}$$

を計算する．ここで，$\Delta Dg(\boldsymbol{\theta}^{(t)}) = Dg(\boldsymbol{\theta}^{(t+1)}) - Dg(\boldsymbol{\theta}^{(t)})$ である．

Step 3: $\mathbf{d}^{(t)}$ を

$$\mathbf{d}^{(t+1)} = Dg(\boldsymbol{\theta}^{(t+1)}) - b^{(t)}\mathbf{d}^{(t)}$$

により更新する．

Step 2 の $b^{(t)}$ の計算には，Fletcher-Reeves 法，Polak-Ribière 法，Dai-Yuan 法などがこの他にもある．

Jamshidian & Jennrich (1993) は，$Dg(\boldsymbol{\theta})$ を一般化勾配ベクトル (generalized gradient)

$$D\tilde{g}(\boldsymbol{\theta}) = A^{-1} Dg(\boldsymbol{\theta}) \tag{6.9}$$

で置き換えた共役勾配法により，EM アルゴリズムを加速する **AEM アルゴリズム**を提案した．ここで，A は正定値行列であり，この行列の選択が共役勾配法の性能の改良に大きく影響する．また，$g(\boldsymbol{\theta}) = \ell_o(\boldsymbol{\theta})$, $A = -D^{20}Q(\boldsymbol{\theta}|\boldsymbol{\theta})$ としたとき，一般化勾配ベクトル (6.9) は，$\boldsymbol{\theta}^{(t)}$ が $\boldsymbol{\theta}^*$ の近傍にあれば,

$$\begin{aligned}\Delta\boldsymbol{\theta}^{(t)} &= M(\boldsymbol{\theta}^{(t)}) - \boldsymbol{\theta}^{(t)} \\ &\approx -D^{20}Q(\boldsymbol{\theta}^*|\boldsymbol{\theta}^*)^{-1} D\ell_o(\boldsymbol{\theta}^{(t)})\end{aligned} \tag{6.10}$$

であることを示した．

一般化勾配ベクトルの近似 (6.10) を用いた AEM アルゴリズムは次の手順で与えられる：

Step 0: 初期値 $\boldsymbol{\theta}^{(0)}$ を設定し，$\mathbf{d}^{(0)} = Dg(\boldsymbol{\theta}^{(0)})$ を計算する．

Step 1: 直線探索法により，

$$\alpha^{(t)} = \arg\max_{\alpha>0} g(\boldsymbol{\theta}^{(t)} + \alpha\mathbf{d}^{(t)})$$

を求め，$\boldsymbol{\theta}^{(t)}$ を

$$\boldsymbol{\theta}^{(t+1)} = \boldsymbol{\theta}^{(t)} + \alpha^{(t)}\mathbf{d}^{(t)}$$

により更新する．

Step 2: EM アルゴリズムから $\tilde{\boldsymbol{\theta}}^{(t+1)}$ を求める：

$$\tilde{\boldsymbol{\theta}}^{(t+1)} = M(\boldsymbol{\theta}^{(t+1)})$$

Step 3: 一般化勾配ベクトルの近似

$$\Delta\boldsymbol{\theta}^{(t+1)} = \tilde{\boldsymbol{\theta}}^{(t+1)} - \boldsymbol{\theta}^{(t+1)}$$

を用いて，

$$b^{(t)} = \frac{\Delta\boldsymbol{\theta}^{(t+1)\top}\Delta D\ell_o(\boldsymbol{\theta}^{(t)})}{\mathbf{d}^{(t)\top}\Delta D\ell_o(\boldsymbol{\theta}^{(t)})}$$

を計算する．

Step 4: $\mathbf{d}^{(t)}$ を

$$\mathbf{d}^{(t+1)} = \Delta\boldsymbol{\theta}^{(t+1)} - b^{(t)}\mathbf{d}^{(t)}$$

により更新する．

Step 5: 指定した収束条件を満たしていれば，$\boldsymbol{\theta}^{(t+1)}$ を最尤推定値とし計算を終了する．そうでなければ，Step 1 に戻る．

Jamshidian & Jennrich (1993) は，初期の反復において EM アルゴリズムのみを実行し，

$$2\ell_o(\boldsymbol{\theta}^{(t+1)}) - 2\ell_o(\boldsymbol{\theta}^{(t)}) \leq 1$$

となった後に，AEM アルゴリズムを反復するように指示している．

6.2.3 準ニュートン法による加速

Jamshidian & Jennrich (1997) は，準ニュートン法による EM アルゴリズムの加速アルゴリズムとして，QN1 アルゴリズムと QN2 アルゴリズムを提案した．QN1 アルゴリズムは EM アルゴリズムにおいて

$$\boldsymbol{\theta}^* = M(\boldsymbol{\theta}^*) \tag{6.11}$$

となる $\boldsymbol{\theta}^*$ を準ニュートン法で求めることを考えている．一方，QN2 アルゴリズムは $\ell_o(\boldsymbol{\theta})$ を最大化する $\boldsymbol{\theta}^*$ を求める準ニュートン法である．

● QN1 アルゴリズム

式 (6.11) において，

$$\Delta\boldsymbol{\theta} = M(\boldsymbol{\theta}) - \boldsymbol{\theta} = \mathbf{0} \tag{6.12}$$

とし，ニュートン・ラフソン法により $\boldsymbol{\theta}^*$ を求めることを考える．$\Delta\boldsymbol{\theta}$ のヤコビ行列を $J(\boldsymbol{\theta})$ で書くとき，

$$J(\boldsymbol{\theta}) = DM(\boldsymbol{\theta}) - I_p$$

であり，式 (6.12) を解くニュートン・ラフソン法は

$$\boldsymbol{\theta}^{(t+1)} = \boldsymbol{\theta}^{(t)} - J(\boldsymbol{\theta}^{(t)})^{-1}\Delta\boldsymbol{\theta}^{(t)} = \boldsymbol{\theta}^{(t)} + \mathbf{d}^{(t)} \tag{6.13}$$

で与えられる．ニュートン・ラフソン法は 2 次収束するため，少ない反復回数で $\boldsymbol{\theta}^*$ を求められることが期待できるが，その収束は初期値に依存する．また，Louis's turbo EM アルゴリズムでもあったように，$J(\boldsymbol{\theta})$ の導出の煩雑さや $J(\boldsymbol{\theta})^{-1}$ の計算の不安定さがある．そこで，準ニュートン法では，$J(\boldsymbol{\theta})^{-1}$ を適当な行列で近似することにより，これらを回避する．

正定値対称行列 A を $J(\boldsymbol{\theta})^{-1}$ の近似行列として考える．このとき，各反復における $A^{(t)}$ の更新

$$A^{(t+1)} = A^{(t)} + \Delta A^{(t)}$$

には **Broyden 更新**を用いる．式 (6.13) から，

$$\mathbf{d}^{(t)} = -A^{(t)}\Delta\boldsymbol{\theta}^{(t)}$$

であり，$A^{(t)}$ に対する Broyden 更新において

$$\Delta A^{(t)} = \frac{(\mathbf{d}^{(t)} - A^{(t)}\Delta^2\boldsymbol{\theta}^{(t)})\mathbf{d}^{(t)\top}A^{(t)}}{\mathbf{d}^{(t)\top}A^{(t)}\Delta^2\boldsymbol{\theta}^{(t)}} \tag{6.14}$$

で与えられる．ここで，

$$\boldsymbol{\theta}^{(t+1)} = \boldsymbol{\theta}^{(t)} + \mathbf{d}^{(t)}$$

から，

$$\begin{aligned}\Delta^2\boldsymbol{\theta}^{(t)} &= \Delta\boldsymbol{\theta}^{(t+1)} - \Delta\boldsymbol{\theta}^{(t)} \\ &= \left\{M(\boldsymbol{\theta}^{(t+1)}) - \boldsymbol{\theta}^{(t+1)}\right\} - \left\{M(\boldsymbol{\theta}^{(t)}) - \boldsymbol{\theta}^{(t)}\right\}\end{aligned}$$

である．

Broyden 更新による QN1 アルゴリズムは次の手順で与えられる：

Step 0: 初期値 $\boldsymbol{\theta}^{(0)}$ を設定し，$A^{(0)} = -I_p$ とする．

Step 1: EM アルゴリズムにより

$$\tilde{\boldsymbol{\theta}}^{(t)} = M(\boldsymbol{\theta}^{(t)})$$

を求め，$\Delta\boldsymbol{\theta}^{(t)} = \tilde{\boldsymbol{\theta}}^{(t)} - \boldsymbol{\theta}^{(t)}$ を用いて

$$\mathbf{d}^{(t)} = -A^{(t)}\Delta\boldsymbol{\theta}^{(t)}$$

を計算する．$\boldsymbol{\theta}^{(t)}$ を

$$\boldsymbol{\theta}^{(t+1)} = \boldsymbol{\theta}^{(t)} + \mathbf{d}^{(t)} \tag{6.15}$$

により更新する．

Step 2: EM アルゴリズムにより

$$\tilde{\boldsymbol{\theta}}^{(t+1)} = M(\boldsymbol{\theta}^{(t+1)})$$

を求め，$\Delta\boldsymbol{\theta}^{(t+1)} = \tilde{\boldsymbol{\theta}}^{(t+1)} - \boldsymbol{\theta}^{(t+1)}$ を用いて

$$\Delta^2\boldsymbol{\theta}^{(t)} = \Delta\boldsymbol{\theta}^{(t+1)} - \Delta\boldsymbol{\theta}^{(t)}$$

を計算する．

Step 3: 式 (6.14) から $\Delta A^{(t)}$ を計算し，$A^{(t)}$ を

$$A^{(t+1)} = A^{(t)} + \Delta A^{(t)}$$

により更新する．

Step 4: 指定した収束条件を満たしていれば，$\boldsymbol{\theta}^{(t+1)}$ を最尤推定値とし計算を終了する．そうでなければ，Step 1 に戻る．

Step 1 において $\mathbf{d}^{(t)}$ を求めたとき，式 (6.15) の更新において $\boldsymbol{\theta}^{(t+1)} \notin \Omega_{\boldsymbol{\theta}}$ となることが起こりうる．この場合，EM アルゴリズムの反復のみをおこなう．

● QN2 アルゴリズム

QN2 アルゴリズムは $\ell_o(\boldsymbol{\theta})$ を最大化する $\boldsymbol{\theta}^*$ を求める．ニュートン・ラフソン法では

$$\mathbf{d}^{(t)} = D^2\ell_o(\boldsymbol{\theta}^{(t)})^{-1}D\ell_o(\boldsymbol{\theta}^{(t)})$$

となるが，$\boldsymbol{\theta}^{(t)} = \boldsymbol{\theta}^*$ において，

$$D^2\ell_o(\boldsymbol{\theta}^*) \approx D^{20}Q(\boldsymbol{\theta}^*|\boldsymbol{\theta}^*)$$

と近似できることを利用して，

$$U^{(t)} = D^{20}Q(\boldsymbol{\theta}^*|\boldsymbol{\theta}^*)^{-1} + A^{(t)} \tag{6.16}$$

とし，

$$\begin{aligned} U^{(t+1)} &= D^{20}Q(\boldsymbol{\theta}^*|\boldsymbol{\theta}^*)^{-1} + A^{(t+1)} \\ &= D^{20}Q(\boldsymbol{\theta}^*|\boldsymbol{\theta}^*)^{-1} + A^{(t)} + \Delta A^{(t)} \end{aligned}$$

により更新することを考える．**Broyden-Fletcher-Goldfarb-Shanno の対称ランク 2 更新**（BFGS 更新）により $\Delta A^{(t)}$ を求めるとき，

$$\Delta A^{(t)} = \left(1 + \frac{\Delta D\ell_o(\boldsymbol{\theta}^{(t)})^\top U^{(t)} \Delta D\ell_o(\boldsymbol{\theta}^{(t)})}{\Delta D\ell_o(\boldsymbol{\theta}^{(t)})^\top \alpha^{(t)} \mathbf{d}^{(t)}}\right) \frac{\alpha^{(t)} \mathbf{d}^{(t)} \mathbf{d}^{(t)\top}}{\Delta D\ell_o(\boldsymbol{\theta}^{(t)})^\top \mathbf{d}^{(t)}} - \frac{\mathbf{d}^{(t)} \Delta D\ell_o(\boldsymbol{\theta}^{(t)})^\top U^{(t)} + U^{(t)} \Delta D\ell_o(\boldsymbol{\theta}^{(t)}) \mathbf{d}^{(t)\top}}{\Delta D\ell_o(\boldsymbol{\theta}^{(t)})^\top \mathbf{d}^{(t)}} \tag{6.17}$$

となる．ここで，

$$\begin{aligned} \Delta D\ell_o(\boldsymbol{\theta}^{(t)}) &= D\ell_o(\boldsymbol{\theta}^{(t+1)}) - D\ell_o(\boldsymbol{\theta}^{(t)}), \\ \mathbf{d}^{(t)} &= U^{(t)} D\ell_o(\boldsymbol{\theta}^{(t)}), \\ \alpha^{(t)} &= \arg\max_{\alpha > 0} \ell_o(\boldsymbol{\theta}^{(t)} + \alpha \mathbf{d}^{(t)}) \end{aligned}$$

であり，

$$\boldsymbol{\theta}^{(t+1)} = \boldsymbol{\theta}^{(t)} + \alpha^{(t)} \mathbf{d}^{(t)}$$

である．

$\boldsymbol{\theta}$ が $\boldsymbol{\theta}^*$ の近傍にあるときの近似式 (6.10) を用いることにより，式 (6.16) は

$$\begin{aligned} U^{(t)} D\ell_o(\boldsymbol{\theta}^{(t)}) &= D^{20} Q(\boldsymbol{\theta}^* | \boldsymbol{\theta}^*)^{-1} D\ell_o(\boldsymbol{\theta}^{(t)}) + A^{(t)} D\ell_o(\boldsymbol{\theta}^{(t)}) \\ &\approx -\Delta \boldsymbol{\theta}^{(t)} + A^{(t)} D\ell_o(\boldsymbol{\theta}^{(t)}) \end{aligned}$$

となり，

$$\mathbf{d}^{(t)} = -\Delta \boldsymbol{\theta}^{(t)} + A^{(t)} D\ell_o(\boldsymbol{\theta}^{(t)}) \tag{6.18}$$

を得る．これより，BFGS 更新において，

$$\Delta A^{(t)} = \left(1 + \frac{\Delta D\ell_o(\boldsymbol{\theta}^{(t)})^\top \Delta \mathbf{d}^{(t)}}{\Delta D\ell_o(\boldsymbol{\theta}^{(t)})^\top \alpha^{(t)} \mathbf{d}^{(t)}}\right) \frac{\alpha^{(t)} \mathbf{d}^{(t)} \mathbf{d}^{(t)\top}}{\Delta D\ell_o(\boldsymbol{\theta}^{(t)})^\top \mathbf{d}^{(t)}} - \frac{\Delta \mathbf{d}^{(t)} \mathbf{d}^{(t)\top} + (\Delta \mathbf{d}^{(t)} \mathbf{d}^{(t)\top})^\top}{\Delta D\ell_o(\boldsymbol{\theta}^{(t)})^\top \mathbf{d}^{(t)}} \tag{6.19}$$

で与えられる．ここで，

$$\Delta \mathbf{d}^{(t)} = -\Delta^2 \boldsymbol{\theta}^{(t)} + A^{(t)} \Delta D\ell_o(\boldsymbol{\theta}^{(t)})$$

である．また，BFGS 更新 (6.19) は，QN1 アルゴリズムの Broyden 更新 (6.14) と異なり，$\Delta A^{(t)}$ の計算に $A^{(t)}$ を必要としない．

BFGS 更新による QN2 アルゴリズムは次の手順で与えられる：

Step 0: 初期値 $\boldsymbol{\theta}^{(0)}$ を設定し，$A^{(0)} = \mathbf{0}$ とする．

Step 1: EM アルゴリズムにより

$$\tilde{\boldsymbol{\theta}}^{(t)} = M(\boldsymbol{\theta}^{(t)})$$

を求め，$\Delta \boldsymbol{\theta}^{(t)} = \tilde{\boldsymbol{\theta}}^{(t)} - \boldsymbol{\theta}^{(t)}$ を用いて

$$\mathbf{d}^{(t)} = -\Delta \boldsymbol{\theta}^{(t)} + A^{(t)} D\ell_o(\boldsymbol{\theta}^{(t)})$$

を計算する．

Step 2: 直線探索法により，

$$\alpha^{(t)} = \arg\max_{\alpha > 0} g(\boldsymbol{\theta}^{(t)} + \alpha \mathbf{d}^{(t)})$$

を求め，$\boldsymbol{\theta}^{(t)}$ を

$$\boldsymbol{\theta}^{(t+1)} = \boldsymbol{\theta}^{(t)} + \alpha^{(t)} \mathbf{d}^{(t)}$$

により更新する．

Step 3: EM アルゴリズムにより

$$\tilde{\boldsymbol{\theta}}^{(t+1)} = M(\boldsymbol{\theta}^{(t+1)})$$

を求め，$\Delta \boldsymbol{\theta}^{(t+1)} = \tilde{\boldsymbol{\theta}}^{(t+1)} - \boldsymbol{\theta}^{(t+1)}$ を用いて

$$\Delta^2 \boldsymbol{\theta}^{(t)} = \Delta \boldsymbol{\theta}^{(t+1)} - \Delta \boldsymbol{\theta}^{(t)}$$

を計算する．

Step 4: 式 (6.19) から $\Delta A^{(t)}$ を計算し，$A^{(t)}$ を

$$A^{(t+1)} = A^{(t)} + \Delta A^{(t)}$$

により更新する.

Step 5: 指定した収束条件を満たしていれば，$\boldsymbol{\theta}^{(t+1)}$ を最尤推定値とし計算を終了する．そうでなければ，Step 1 に戻る.

Jamshidian & Jennrich (1997) は，統計計算におけるアルゴリズムの適用において，2 つのコストを考慮する必要があると述べている．1 つはアルゴリズムの実装に関する思考コスト (thinking cost) であり，もう 1 つは計算機コスト (computer cost) である．ここでいう計算機コストとは，解を得るまでの計算時間である．一般的には，EM アルゴリズムの加速が必要となるのは計算機コストが非常に高い場合であり，これの削減に思考コストが必要となる．AEM アルゴリズム，QN1 アルゴリズムおよび QN2 アルゴリズムをこの 2 つのコストから考える．QN1 アルゴリズムは実装が容易であるため思考コストは低いが，その収束は AEM アルゴリズムや QN2 アルゴリズムと比べ遅いかもしれない．したがって，計算機コストはこれらより高くなる可能性がある．その一方で，AEM アルゴリズムと QN1 アルゴリズムは $D\ell_o(\boldsymbol{\theta})$ の評価が必要であり，$\ell_o(\boldsymbol{\theta})$ が複雑であるときのアルゴリズムとプログラム作成のための思考コストは高くなる傾向がある．このように加速アルゴリズムを用いる際には，この 2 つのトレードオフを考えて決める必要がある.

●線形モデル

線形モデル

$$Y = \boldsymbol{\beta}^\top \mathbf{W} + e \tag{6.20}$$

を考える．ここで，Y は目的変数，$\mathbf{W} = [1, W_1, \ldots, W_p]^\top$ は説明変数のベクトル，$\boldsymbol{\beta} = [\beta_0, \beta_1, \ldots, \beta_p]^\top$ は未知パラメータである．また，e に正規分布 $N(0, \sigma^2)$ を仮定するとき，Y は正規分布 $N(\boldsymbol{\beta}^\top \mathbf{W}, \sigma^2)$ に従う．Y と $\mathbf{W}$ の n 個の観測データ

$$\mathbf{y} = [y_1, \dots, y_n], \quad \mathbf{w} = [\mathbf{w}_1, \dots, \mathbf{w}_n] = \begin{bmatrix} 1 & \cdots & 1 \\ w_{11} & \cdots & w_{n1} \\ \vdots & \ddots & \vdots \\ w_{1p} & \cdots & w_{np} \end{bmatrix}$$

において，$\mathbf{y}$ に欠測が含まれる場合の最尤推定を考える．$\mathbf{y}$ は観測部分 $\mathbf{y}_{\text{obs}} = [y_1, \dots, y_{n_0}]$ と欠測部分 $\mathbf{y}_{\text{mis}} = [y_{n_0+1}, \dots, y_n]$ に分割され，$\mathbf{y} = [\mathbf{y}_{\text{obs}}, \mathbf{y}_{\text{mis}}]$ である．また，$\mathbf{w}$ についてもこの分割に対応させて $\mathbf{w} = [\mathbf{w}_{\text{obs}}, \mathbf{w}_{\text{mis}}]$ とする．

このとき，EM アルゴリズムにより $\boldsymbol{\beta}$ の最尤推定値を求める．初期値 $\boldsymbol{\beta}^{(0)}$ を与えたとき，EM アルゴリズムは次の計算をおこなう：

E-step: $\mathbf{y}_{\text{mis}}$ に対応する $\mathbf{w}_{\text{mis}}$ と $\boldsymbol{\beta}^{(t)}$ が与えられたとき，

$$\mathbf{y}_{\text{mis}}^{(t+1)} = \boldsymbol{\beta}^{(t)\top} \mathbf{w}_{\text{mis}}$$

を計算する．

M-step: $\mathbf{y}^{(t+1)} = [\mathbf{y}_{\text{obs}}, \mathbf{y}_{\text{mis}}^{(t+1)}]$ が与えられたとき，

$$\boldsymbol{\beta}^{(t+1)} = \left(\mathbf{w}\mathbf{w}^\top\right)^{-1} \mathbf{w}\mathbf{y}^{(t+1)\top}$$

を計算する．

線形モデル (6.20) における EM アルゴリズムの加速アルゴリズムとして，AEM アルゴリズム，QN1 アルゴリズムと QN2 アルゴリズムを用いる．このとき，$\mathbf{y}_{\text{obs}}$ に対する対数尤度関数は

$$\ell_o(\boldsymbol{\beta}) = -\frac{n_0}{2} \ln 2\pi - n_0 \ln \sigma - \frac{1}{2\sigma^2} (\mathbf{y}_{\text{obs}} - \boldsymbol{\beta}^\top \mathbf{w}_{\text{obs}})(\mathbf{y}_{\text{obs}} - \boldsymbol{\beta}^\top \mathbf{w}_{\text{obs}})^\top \tag{6.21}$$

であり，その勾配ベクトルは

$$D\ell_o(\boldsymbol{\beta}) = \frac{\mathbf{w}_{\text{obs}} \mathbf{y}_{\text{obs}}^\top - \mathbf{w}_{\text{obs}} \mathbf{w}_{\text{obs}}^\top \boldsymbol{\beta}}{\sigma^2} \tag{6.22}$$

である．また，EM アルゴリズムの各反復において得られる $\{\boldsymbol{\beta}^{(t)}\}_{t \geq 0}$ か

表 6.1 線形モデルにおける EM アルゴリズム，AEM アルゴリズム，QN1 アルゴリズム，QN2 アルゴリズムの反復回数の要約統計量

	EM	AEM	QN1	QN2
最小値	57.00	21.00	21.00	31.00
第 1 四分位数	82.00	27.00	23.00	40.75
中央値	91.00	30.00	25.00	46.00
平均値	92.81	31.57	24.25	47.87
第 3 四分位数	101.20	34.25	25.00	53.25
最大値	145.00	60.00	29.00	77.00

ら，式 (6.22) の計算において

$$\sigma^{2(t)} = \frac{1}{n_0}(\mathbf{y}_{\rm obs} - \boldsymbol{\beta}^{(t)\top}\mathbf{w}_{\rm obs})(\mathbf{y}_{\rm obs} - \boldsymbol{\beta}^{(t)\top}\mathbf{w}_{\rm obs})^\top$$

を用いる．

【例 6.1】（線形モデル） 数値実験による AEM アルゴリズム，QN1 アルゴリズム，QN2 アルゴリズムの加速性能の比較をおこなう．観測データ $[\mathbf{y}, \mathbf{w}]$ は，多変量正規分布 $N(\mathbf{0}, \boldsymbol{\Sigma})$ から生成した乱数データであり，$n = 150$，$p = 30$ とした．ここで，$\boldsymbol{\Sigma}$ は分散共分散行列であり，ウィシャート乱数から生成した．また，MAR の仮定のもとで欠測率を $\mathrm{P_{mis}} = 0.5$ に設定し，$\mathbf{y} = [\mathbf{y}_{\rm obs}, \mathbf{y}_{\rm mis}]$ および $\mathbf{w} = [\mathbf{w}_{\rm obs}, \mathbf{w}_{\rm mis}]$ に分割した．収束判定の精度は $\delta = 10^{-12}$ で，EM アルゴリズムの収束条件を

$$\|\boldsymbol{\beta}^{(t+1)} - \boldsymbol{\beta}^{(t)}\|^2 < \delta$$

とした．これを 100 回繰り返し，反復回数を調べる．AEM アルゴリズムと QN2 アルゴリズムにおける直線探索法として，黄金分割探索法 (gold-section method) を用いた．この計算のための R プログラムは Jones et al. (2009) によるものである．

表 6.1 は 100 回の実験による EM アルゴリズムとその加速アルゴリズムの反復回数の要約統計量である．3 つの加速アルゴリズムのすべてにおいて，EM アルゴリズムよりも少ない反復回数で収束していることがわか

る．また，これらにおいてQN1アルゴリズムが最も良い加速性能を示している．Jamshidian & Jennrich (1997) において，いくつかの数値実験からQN2アルゴリズムの性能が最も良いことが示されているが，この実験ではそのような結果を得られなかった．その1つの原因として，黄金分割探索法とは異なる直線探索法をJamshidian & Jennrich (1997) で用いていることが考えられる．AEMアルゴリズムについても，同様のことが考えられる．対象とする問題ごとで，直線探索法の選択およびそのパラメータの調節が必要であるのかもしれない．

6.3 補外法による加速

Kuroda & Sakakihara (2006) は，EMアルゴリズムの収束を加速するため，vector ε (vε) アルゴリズムを用いた ε-accelerated EM アルゴリズムを提案した．vε アルゴリズムはWynn (1962) により開発された**補外法**の1つであり，線形収束する反復法から生成されるベクトル列の収束を加速する．特に，収束の遅いベクトル列において，このアルゴリズムによる加速は有効である．まず，vε アルゴリズムを簡単に紹介し，これによるEMアルゴリズムの加速アルゴリズムを示す．

6.3.1 vector $\boldsymbol{\varepsilon}$ アルゴリズム

1次収束する反復法から生成されるベクトル列 $\{\boldsymbol{\theta}^{(t)}\}_{t\geq 0}$ がある点 $\boldsymbol{\theta}^*$ に収束すると仮定する．また，ベクトル $\boldsymbol{\theta}$ の逆行列を

$$[\boldsymbol{\theta}]^{-1} = \frac{\boldsymbol{\theta}}{\|\boldsymbol{\theta}\|^2} = \frac{\boldsymbol{\theta}}{\boldsymbol{\theta}^\top \boldsymbol{\theta}}$$

で定義する．このとき，vε アルゴリズムは $\{\boldsymbol{\theta}^{(t+1)}\}_{t\geq 0}$ より速く収束する列 $\{\dot{\boldsymbol{\theta}}^{(t)}\}_{t\geq 0}$ を次の計算により生成する．初期条件を

$$\boldsymbol{\varepsilon}^{(t,-1)} = \mathbf{0}, \qquad \boldsymbol{\varepsilon}^{(t,0)} = \boldsymbol{\theta}^{(t)}$$

とし，

$$\boldsymbol{\varepsilon}^{(t,u+1)} = \boldsymbol{\varepsilon}^{(t+1,u-1)} + \left[\Delta\boldsymbol{\varepsilon}^{(t,u)}\right]^{-1}, \quad u \geq 0 \tag{6.23}$$

を計算する．ここで，$\Delta\boldsymbol{\varepsilon}^{(t,u)} = \boldsymbol{\varepsilon}^{(t+1,u)} - \boldsymbol{\varepsilon}^{(t,u)}$ である．この式を再帰的に適用することで $\boldsymbol{\varepsilon}^{(t,1)}, \boldsymbol{\varepsilon}^{(t,2)}, \ldots, \boldsymbol{\varepsilon}^{(t,u)}$ を求めていく．u の値を大きくすることで，$\boldsymbol{\theta}^*$ により速く収束する列を生成することができるが，その一方で計算量は増大する．Kuroda & Sakakihara (2006) では，vε アルゴリズムの計算量が最少であり，反復回数の減少も十分に期待できる $u = 1$ の場合を考えている．式 (6.23) から，

$$\begin{aligned} \boldsymbol{\varepsilon}^{(t,2)} &= \boldsymbol{\varepsilon}^{(t+1,0)} + \left[\Delta\boldsymbol{\varepsilon}^{(t,1)}\right]^{-1}, \\ \boldsymbol{\varepsilon}^{(t,1)} &= \boldsymbol{\varepsilon}^{(t+1,-1)} + \left[\Delta\boldsymbol{\varepsilon}^{(t,0)}\right]^{-1} = \left[\Delta\boldsymbol{\varepsilon}^{(t,0)}\right]^{-1} \end{aligned}$$

であり，

$$\begin{aligned} \boldsymbol{\varepsilon}^{(t,2)} &= \boldsymbol{\varepsilon}^{(t+1,0)} + \left[\left[\Delta\boldsymbol{\varepsilon}^{(t+1,0)}\right]^{-1} - \left[\Delta\boldsymbol{\varepsilon}^{(t,0)}\right]^{-1}\right]^{-1} \\ &= \boldsymbol{\theta}^{(t+1)} + \left[\left[\Delta\boldsymbol{\theta}^{(t+1)}\right]^{-1} - \left[\Delta\boldsymbol{\theta}^{(t)}\right]^{-1}\right]^{-1} \end{aligned}$$

となる．$\dot{\boldsymbol{\theta}}^{(t-1)} = \boldsymbol{\varepsilon}^{(t-1,2)}$ としたときに得られるのが

$$\dot{\boldsymbol{\theta}}^{(t-1)} = \boldsymbol{\theta}^{(t)} + \left[\left[\Delta\boldsymbol{\theta}^{(t)}\right]^{-1} - \left[\Delta\boldsymbol{\theta}^{(t-1)}\right]^{-1}\right]^{-1} \tag{6.24}$$

である．ここで，$\Delta\boldsymbol{\theta}^{(t)} = \boldsymbol{\theta}^{(t+1)} - \boldsymbol{\theta}^{(t)}$，$\Delta\boldsymbol{\theta}^{(t-1)} = \boldsymbol{\theta}^{(t)} - \boldsymbol{\theta}^{(t-1)}$ である．

vε アルゴリズムの特徴として，式 (6.24) が示すように逆行列の計算を必要としないことがある．これは EM アルゴリズムがそうであるように，数値計算法としての安定性を保証する．さらに，vε アルゴリズム自体がシンプルであり，プログラミングも容易である．

Kuroda & Sakakihara (2006) は，EM アルゴリズムによる $\{\boldsymbol{\theta}^{(t)}\}_{t\geq 0}$ から，式 (6.24) により $\{\dot{\boldsymbol{\theta}}^{(t)}\}_{t\geq 0}$ を生成することで EM アルゴリズムを加速するこのアルゴリズムを **$\boldsymbol{\varepsilon}$-accelerated EM アルゴリズム**と名付けた．ε-accelerated EM アルゴリズムは次の手順で与えられる：

Step 0: 初期値 $\boldsymbol{\theta}^{(0)}$ を設定する．

Step 1: EM アルゴリズムにより $\boldsymbol{\theta}^{(t+1)}$ を求める：

$$\boldsymbol{\theta}^{(t+1)} = M(\boldsymbol{\theta}^{(t)})$$

Step 2: $\{\boldsymbol{\theta}^{(t-1)}, \boldsymbol{\theta}^{(t)}, \boldsymbol{\theta}^{(t+1)}\}$ を用いて，式 (6.24) から $\dot{\boldsymbol{\theta}}^{(t-1)}$ を計算する．収束判定を $||\dot{\boldsymbol{\theta}}^{(t-1)} - \dot{\boldsymbol{\theta}}^{(t-2)}||^2 \leq \delta$ によりおこない，収束していれば，$\dot{\boldsymbol{\theta}}^{(t-1)}$ を最尤推定値とし計算を終了する．そうでなければ，Step 1 に戻る．

ε-accelerated EM アルゴリズムでは，Step 1 の EM アルゴリズムで $\{\boldsymbol{\theta}^{(t)}\}_{t\geq 0}$，Step 2 の v$\varepsilon$ アルゴリズムにより $\{\dot{\boldsymbol{\theta}}^{(t)}\}_{t\geq 0}$ をそれぞれ独立に生成し，$\{\dot{\boldsymbol{\theta}}^{(t)}\}_{t\geq 0}$ により収束を判定する．この点が準ニュートン法や共役勾配法などを用いた加速アルゴリズムと異なる．また，vε アルゴリズムは $\{\boldsymbol{\theta}^{(t)}\}_{t\geq 0}$ のみを用いるため，EM アルゴリズムの E-step と M-step を改良する必要がない．これは統計モデルから導出される尤度関数に依存しないことを意味し，EM アルゴリズムが記述できれば常に ε-accelerated EM アルゴリズムは適用可能である．したがって，ε-accelerated EM アルゴリズムにおける思考コストは発生しない．このことは EM アルゴリズムの加速を考えるうえで非常に重要な点である．さらに，EM アルゴリズムの安定した収束性を保持したままで，ε-accelerated EM アルゴリズムは収束の加速を実現している．

Wang et al. (2008) は ε-accelerated EM アルゴリズムの収束性と加速性に関する結果を与えた．まず，ε-accelerated EM アルゴリズムの収束定理を示す．

定理 6.1

EM アルゴリズムから生成される $\{\boldsymbol{\theta}^{(t)}\}_{t\geq 0}$ がある点 $\boldsymbol{\theta}^*$ に収束すると仮定する．このとき，ε-accelerated EM アルゴリズムから生成される $\{\dot{\boldsymbol{\theta}}^{(t)}\}_{t\geq 0}$ は同じ $\boldsymbol{\theta}^*$ に収束する．

次に，ε-accelerated EM アルゴリズムの収束の加速性に関する結果を示す．まず，**ベクトル列の収束の加速**について定義する (Sidi, 2003).

定義 6.1

$\{\boldsymbol{\theta}^{(t)}\}_{t\geq 0}$ を 1 次収束する反復法から生成されるベクトル列とする．ある補外法を $\{\boldsymbol{\theta}^{(t)}\}_{t\geq 0}$ に適用することで得られる列を $\{\dot{\boldsymbol{\theta}}^{(t)}\}_{t\geq 0}$ とし，それが $\{\boldsymbol{\theta}^{(t)}\}_{t\geq 0}$ と同じ点 $\boldsymbol{\theta}^*$ に収束するとする．このとき，

$$\lim_{t\to\infty} \frac{\|\dot{\boldsymbol{\theta}}^{(t)} - \boldsymbol{\theta}^*\|}{\|\boldsymbol{\theta}^{(t+q)} - \boldsymbol{\theta}^*\|} = 0$$

ならば，$\{\dot{\boldsymbol{\theta}}^{(t)}\}_{t\geq 0}$ は $\{\boldsymbol{\theta}^{(t)}\}_{t\geq 0}$ の収束を加速するという．ここで，q は $\dot{\boldsymbol{\theta}}^{(t)}$ を $\boldsymbol{\theta}^{(1)}, \ldots, \boldsymbol{\theta}^{(t+q)}$ により計算するときの最小の自然数を表す．

次の定理が成り立つ．

定理 6.2

EM アルゴリズムから生成されるベクトル列を $\{\boldsymbol{\theta}^{(t)}\}_{t\geq 0}$，$\varepsilon$-accelerated EM アルゴリズムから生成される列を $\{\dot{\boldsymbol{\theta}}^{(t)}\}_{t\geq 0}$ とする．このとき，

$$\lim_{t\to\infty} \frac{\|\dot{\boldsymbol{\theta}}^{(t)} - \boldsymbol{\theta}^*\|}{\|\boldsymbol{\theta}^{(t+2)} - \boldsymbol{\theta}^*\|} = 0$$

である．

vε アルゴリズムでは，$\dot{\boldsymbol{\theta}}^{(t)}$ を得るために $\{\boldsymbol{\theta}^{(t)}, \boldsymbol{\theta}^{(t+1)}, \boldsymbol{\theta}^{(t+2)}\}$ を用いるため，$q = 2$ となる．

6.3.2 ε-accelerated EM アルゴリズムの改良

ε-accelerated EM アルゴリズムでは，EM アルゴリズムが生成する $\{\boldsymbol{\theta}^{(t)}\}_{t\geq 0}$ に加えて，vε アルゴリズムによって $\{\dot{\boldsymbol{\theta}}^{(t)}\}_{t\geq 0}$ が独立に生成される．このとき，vε アルゴリズムで得られた $\dot{\boldsymbol{\theta}}^{(t-1)}$ から求めた $M(\dot{\boldsymbol{\theta}}^{(t-1)})$ が

$$\ell_o(M(\dot{\boldsymbol{\theta}}^{(t-1)})) > \ell_o(\boldsymbol{\theta}^{(t+1)}) \tag{6.25}$$

を満足するとき，$M(\dot{\boldsymbol{\theta}}^{(t-1)})$ を初期値としてEM アルゴリズムをリスタート (re-starting) することを考える．これにより，リスタート後のEM アルゴリズムから生成されるパラメータの推定列の収束が速くなることが期待できる．しかし，式 (6.25) のみをリスタート条件としたとき，数回の反復後のEM アルゴリズムにおいてリスタートが毎回実行される．これは結果として，ε-accelerated EM アルゴリズムの1回の反復で2回のEM アルゴリズムを実行することになり，計算時間の短縮にならないかもしれない．そこで，

$$\|\dot{\boldsymbol{\theta}}^{(t-1)} - \dot{\boldsymbol{\theta}}^{(t-2)})\|^2 < \delta_{\mathrm{Re}}(> \delta)$$

を条件に加え，リスタートが実行されるたびに

$$\delta_{\mathrm{Re}} := \delta_{\mathrm{Re}} \times 10^{-k}$$

により δ_{Re} を再設定することをおこなう．ここで，$:=$ は再設定を意味する．したがって，

条件 1：$\|\dot{\boldsymbol{\theta}}^{(t-1)} - \dot{\boldsymbol{\theta}}^{(t-2)})\|^2 < \delta_{\mathrm{Re}}$,
条件 2：$\ell_o(M(\dot{\boldsymbol{\theta}}^{(t-1)})) > \ell_o(\boldsymbol{\theta}^{(t+1)})$

をリスタート条件とする．条件 1はリスタートの初期値の候補を見つけるためのものである．条件 2は候補値 $M(\dot{\boldsymbol{\theta}}^{(t-1)})$ がリスタートするEM アルゴリズムの初期値として適切であるかどうかをチェックする．これら2条件に基づく re-starting step を，Step 2の $\{\dot{\boldsymbol{\theta}}^{(t)}\}_{t \geq 0}$ の生成の中に組み込む．

このre-starting stepを組み込んだ ε-accelerated EM アルゴリズムを，Kuroda et al. (2015) は **$\boldsymbol{\varepsilon}$R-accelerated EM アルゴリズム**とした．このアルゴリズムは次の手順で与えられる：

Step 0: 初期値 $\boldsymbol{\theta}^{(0)}$ を設定する．
Step 1: EM アルゴリズムにより $\boldsymbol{\theta}^{(t+1)}$ を求める：

$$\boldsymbol{\theta}^{(t+1)} = M(\boldsymbol{\theta}^{(t)})$$

Step 2: $\{\boldsymbol{\theta}^{(t-1)}, \boldsymbol{\theta}^{(t)}, \boldsymbol{\theta}^{(t+1)}\}$ を用いて，式 (6.24) から $\dot{\boldsymbol{\theta}}^{(t-1)}$ を計算する．

<u>**re-starting step:**</u> 条件

$$||\dot{\boldsymbol{\theta}}^{(t-1)} - \dot{\boldsymbol{\theta}}^{(t-2)}||^2 < \delta_{\mathrm{Re}} \text{ かつ } \ell_o(M(\dot{\boldsymbol{\theta}}^{(t-1)})) > \ell_o(\boldsymbol{\theta}^{(t+1)})$$

を満足するとき，$\boldsymbol{\theta}^{(t+1)}$ を

$$\boldsymbol{\theta}^{(t+1)} = M(\dot{\boldsymbol{\theta}}^{(t-1)})$$

により更新し，$\boldsymbol{\theta}^{(t)}$ と δ_{Re} を再設定する：

$$\boldsymbol{\theta}^{(t)} := \dot{\boldsymbol{\theta}}^{(t-1)}, \quad \delta_{\mathrm{Re}} := \delta_{\mathrm{Re}} \times 10^{-k}$$

収束判定を $||\dot{\boldsymbol{\theta}}^{(t-1)} - \dot{\boldsymbol{\theta}}^{(t-2)}||^2 \leq \delta$ によりおこない，収束していれば，$\dot{\boldsymbol{\theta}}^{(t-1)}$ を最尤推定値とし計算を終了する．そうでなければ，Step 1 に戻る．

リスタートの回数は δ_{Re} の初期値と k によって決定される．例えば，$\delta_{\mathrm{Re}} = 1$，$k = 2$ と設定し，収束判定基準を $\delta = 10^{-10}$ としたとき，$\delta_{\mathrm{Re}} = 1, 10^{-2}, 10^{-4}, 10^{-6}, 10^{-8}$ となり，高々 5 回のリスタートを Step 1 の EM アルゴリズムでおこなうことになる．k の値を大きく設定すれば，リスタートの回数は少なくなり，逆に小さくすれば，その回数は多くなる．すなわち，EM アルゴリズムのリスタートの回数は δ_{Re} でコントロールすることができる．δ_{Re} の導入は re-starting step におけるリスタート条件のキーアイデアであり，δ_{Re} の設定は εR-accelerated EM アルゴリズムの収束スピードに大きな影響を与える．

ある反復回で re-starting step が実行された加速列を $\{\dot{\tilde{\boldsymbol{\theta}}}^{(t)}\}_{t \geq 0}$ と書くことにする．Little & Rubin (2002) はある条件のもとで $\boldsymbol{\theta}$ の推定値が平均 $\boldsymbol{\theta}^*$ の正規分布に漸近的に従うことを示した．この漸近正規性の仮定のもとで，Kuroda et al. (2015) は，$\{\dot{\tilde{\boldsymbol{\theta}}}^{(t)}\}_{t \geq 0}$ と $\{\dot{\boldsymbol{\theta}}^{(t)}\}_{t \geq 0}$ は同じ $\boldsymbol{\theta}^*$ に収束することを示し，さらに次の結果を与えた．

表 6.2 線形モデルにおける EM アルゴリズム，ε-accelerated EM(vε) アルゴリズム，εR-accelerated EM(vεR) アルゴリズムの反復回数の要約統計量

	EM	vε	vεR	AEM	QN1
最小値	57.00	40.00	18.00	21.00	21.00
第1四分位数	82.00	51.75	26.00	27.00	23.00
中央値	91.00	58.00	31.00	30.00	25.00
平均値	92.81	58.11	31.70	31.57	24.25
第3四分位数	101.20	63.00	35.25	34.25	25.00
最大値	145.00	81.00	56.00	60.00	29.00

定理 6.3

εR-accelerated EM アルゴリズムから生成される列を $\{\dot{\ddot{\boldsymbol{\theta}}}^{(t)}\}_{t\geq 0}$，$\varepsilon$-accelerated EM アルゴリズムから生成される列を $\{\dot{\boldsymbol{\theta}}^{(t)}\}_{t\geq 0}$ とする．このとき，$\{\dot{\ddot{\boldsymbol{\theta}}}^{(t)}\}_{t\geq 0}$ は $\{\dot{\boldsymbol{\theta}}^{(t)}\}_{t\geq 0}$ よりも速く $\boldsymbol{\theta}^*$ に収束する．

これより，εR-accelerated EM アルゴリズムは ε-accelerated EM アルゴリズムよりも収束の速い EM アルゴリズムの加速アルゴリズムである．

【例 6.2】（線形モデル） 例 6.1 で用いたデータを同じ収束条件のもとで，ε-accelerated EM アルゴリズムと εR-accelerated EM アルゴリズムに適用する．ただし，εR-accelerated EM アルゴリズムの re-starting step における δ_{Re} の初期設定を，$\delta_{\mathrm{Re}} = 10^0 = 1$，$k = 2$ とする．アルゴリズムの収束判定の精度は $\delta = 10^{-12}$ より，$\delta_{\mathrm{Re}} = 1, 10^{-2}, 10^{-4}, \ldots, 10^{-10}$ の高々 6 回のリスタートが Step 1 の EM アルゴリズムで実行されることになる．

表 6.2 は，EM アルゴリズム，ε-accelerated EM(vε) アルゴリズム，εR-accelerated EM(vεR) アルゴリズムの反復回数の要約統計量である．比較のため，AEM アルゴリズムと QN1 アルゴリズムの要約統計量を再掲した．表 6.3 は各アルゴリズムの CPU 時間（秒）の要約統計量である．実験で使用したコンピュータの CPU は Core i5 3.2 GHz，メモリ容量 4 GB であり，R 関数 `proc.time()` により CPU 時間を計測した．表 6.2

表 6.3 線形モデルにおける EM アルゴリズムとその加速アルゴリズムの CPU 時間（秒）の要約統計量

	EM	vε	vεR	AEM	QN1
最小値	0.28	0.20	0.12	0.22	0.09
第 1 四分位数	0.39	0.25	0.17	0.27	0.11
中央値	0.44	0.28	0.18	0.28	0.12
平均値	0.45	0.28	0.19	0.29	0.12
第 3 四分位数	0.48	0.31	0.21	0.31	0.13
最大値	0.69	0.39	0.31	0.44	0.16

より，εR-accelerated EM アルゴリズムは AEM アルゴリズムと同程度の反復回数で収束していることがわかる．また，表 6.3 により，CPU 時間で比較したとき，AEM アルゴリズムの計算時間は εR-accelerated EM アルゴリズムのそれよりも長く，ε-accelerated EM アルゴリズムとほぼ同じであることがわかる．これは vε アルゴリズムの計算量が少ないことが理由として考えられる．

【例 6.3】（正規混合分布モデル） 黒田 (2019) による結果を紹介する．ここでは，コンポーネント数 4 の 2 変量正規混合分布モデルを考える．このモデルにおいて，AEM アルゴリズムや QN1 アルゴリズム，QN2 アルゴリズムの適用が困難であることが考えられる．

平均ベクトルが $\boldsymbol{\mu} = [\mu_1, \mu_2]^\top$，分散共分散行列が

$$\boldsymbol{\Sigma} = \begin{bmatrix} \sigma_{11} & \sigma_{12} \\ \sigma_{12} & \sigma_{22} \end{bmatrix}$$

の 2 変量正規分布の確率密度関数を $\phi(\cdot|\boldsymbol{\mu}, \boldsymbol{\Sigma})$ で表すと，このモデルの密度関数は，

$$f(\mathbf{y}|\boldsymbol{\theta}) = \sum_{i=1}^{4} \eta_i \phi(\mathbf{y}|\boldsymbol{\mu}_i, \boldsymbol{\Sigma}_i) \tag{6.26}$$

である．ここで，$\mathbf{y} = [y_1, y_2]^\top$，$[\eta_1, \eta_2, \eta_3, \eta_4]$ は各コンポーネントの比

率であり,

$$\boldsymbol{\theta} = [\eta_1, \ldots, \eta_4, \boldsymbol{\mu}_1 \ldots, \boldsymbol{\mu}_4, \boldsymbol{\Sigma}_1, \ldots, \boldsymbol{\Sigma}_4]^\top$$

とする.

観測データ $\mathbf{y}_{\text{obs}} = [\mathbf{y}_1, \mathbf{y}_2, \ldots, \mathbf{y}_n]$ の各 $\mathbf{y}_i$ が所属するコンポーネントを示す2値ベクトル $\mathbf{z}_i = [z_{i1}, z_{i2}, z_{i3}, z_{i4}]^\top$ を導入する. ここで,

$$z_{ij} = \begin{cases} 1 & \mathbf{y}_i \text{ がコンポーネント } j \text{ に所属,} \\ 0 & \text{それ以外} \end{cases}$$

である. このとき, $\mathbf{x}_i = [\mathbf{y}_i, \mathbf{z}_i]^\top$ とすれば, $\mathbf{x} = [\mathbf{x}_1, \mathbf{x}_2, \ldots, \mathbf{x}_n]$ は完全データである. ただし, $\mathbf{z}_i$ の値は欠測している. そこで, $\mathbf{z}_i$ を潜在変数 $\mathbf{Z}_i = [Z_{i1}, Z_{i2}, Z_{i3}, Z_{i4}]^\top$ の値として考え, $\mathbf{y}_i$ がコンポーネント j に所属する条件付き確率 $\gamma_{ij} = \Pr(Z_{ij} = 1|\mathbf{y}_i)$ を計算する.

初期値 $\boldsymbol{\theta}^{(0)}$ を与えたとき, EMアルゴリズムは次の計算をおこなう：

E-step: $\mathbf{y}$ と $\boldsymbol{\theta}^{(t)}$ から $\{\gamma_{ij}^{(t+1)}\}_{1 \le i \le n, 1 \le j \le 4}$ を次式より計算する：

$$\gamma_{ij}^{(t+1)} = \mathrm{E}[Z_{ij}|\mathbf{y}_i, \boldsymbol{\theta}^{(t)}] = \frac{\eta_j^{(t)} \phi(\mathbf{y}_i|\boldsymbol{\mu}_j^{(t)}, \boldsymbol{\Sigma}_j^{(t)})}{\sum_{j=1}^4 \eta_j^{(t)} \phi(\mathbf{y}_i|\boldsymbol{\mu}_j^{(t)}, \boldsymbol{\Sigma}_j^{(t)})}.$$

M-step: $\{\gamma_{ij}^{(t+1)}\}_{1 \le i \le n, 1 \le j \le 4}$ を用い,

$$\eta_j^{(t+1)} = \frac{1}{n} \sum_{i=1}^n \gamma_{ij}^{(t+1)},$$

$$\boldsymbol{\mu}_j^{(t+1)} = \frac{\sum_{i=1}^n \gamma_{ij}^{(t+1)} \mathbf{y}_i}{\sum_{i=1}^n \gamma_{ij}^{(t+1)}},$$

$$\boldsymbol{\Sigma}_j^{(t+1)} = \frac{\sum_{i=1}^n \gamma_{ij}^{(t+1)} (\mathbf{y}_i - \boldsymbol{\mu}_j^{(t+1)})^\top (\mathbf{y}_i - \boldsymbol{\mu}_j^{(t+1)})}{\sum_{i=1}^n \gamma_{ij}^{(t+1)}}$$

により $\boldsymbol{\theta}^{(t)}$ を更新する．

また，ε-accelerated EM アルゴリズムは，上記の E-step と M-step を Step 1 で計算し，Step 2 では $\{\dot{\boldsymbol{\theta}}^{(t)}\}_{t\geq 0}$ を

$$\mathrm{vec}\ \dot{\boldsymbol{\theta}}^{(t-1)} = \mathrm{vec}\ \boldsymbol{\theta}^{(t)} + \left[\left[\Delta\mathrm{vec}\ \boldsymbol{\theta}^{(t)}\right]^{-1} - \left[\Delta\mathrm{vec}\ \boldsymbol{\theta}^{(t-1)}\right]^{-1}\right]^{-1}$$

により生成する．ここで，vec $\boldsymbol{\theta}$ は $\boldsymbol{\theta}$ をベクトル化したものである．

実験では，

$$\boldsymbol{\eta} = [\eta_1, \eta_2, \eta_3, \eta_4]^\top = [0.20, 0.30, 0.30, 0.20]^\top,$$

$$\boldsymbol{\mu}_1 = [-2, 0]^\top, \quad \boldsymbol{\mu}_2 = [0, -4]^\top, \quad \boldsymbol{\mu}_3 = [2, 2]^\top, \quad \boldsymbol{\mu}_4 = [4, -2]^\top,$$

$$\boldsymbol{\Sigma}_1 = \begin{bmatrix} 5 & 1 \\ 1 & 10 \end{bmatrix}, \quad \boldsymbol{\Sigma}_2 = \begin{bmatrix} 3 & 1 \\ 1 & 6 \end{bmatrix},$$

$$\boldsymbol{\Sigma}_3 = \begin{bmatrix} 4 & 1 \\ 1 & 8 \end{bmatrix}, \quad \boldsymbol{\Sigma}_4 = \begin{bmatrix} 2 & 1 \\ 1 & 4 \end{bmatrix}$$

を真値とした $\boldsymbol{\theta} = [\eta_1, \ldots, \eta_4, \boldsymbol{\mu}_1 \ldots, \boldsymbol{\mu}_4, \boldsymbol{\Sigma}_1, \ldots, \boldsymbol{\Sigma}_4]^\top$ のもとで，確率密度関数 (6.26) をもつ確率分布から乱数データ $\mathbf{y}_{\mathrm{obs}} = [\mathbf{y}_1, \ldots, \mathbf{y}_{1000}]$ を生成する．初期値 $\boldsymbol{\theta}^{(0)}$ は

- $\boldsymbol{\eta}^{(0)} = [0.25, 0.25, 0.25, 0.25]^\top$,
- $\boldsymbol{\mu}_i^{(0)} \sim N(\boldsymbol{\mu}_i, 3I_2)\ (i = 1, \ldots, 4)$
- $\boldsymbol{\Sigma}_i^{(0)} = I_2\ (i = 1, \ldots, 4)$

により与え，EM アルゴリズムと ε-accelerated EM アルゴリズム，εR-accelerated EM アルゴリズムによるパラメータ推定をおこなう．初期値の生成を 100 回繰り返し，各アルゴリズムの反復回数と CPU 時間（秒）を比較する．

表 6.4 は反復回数とその比の要約統計量であり，表 6.5 は CPU 時間とその比の要約統計量である．これらの表より，2 つの加速法はともに EM アルゴリズムの収束をよく加速していることがわかる．ここで，

表 6.4 正規混合分布モデルにおける EM アルゴリズム，ε-accelerated EM(vε) アルゴリズムおよび εR-accelerated EM(vεR) アルゴリズムの反復回数とその比の要約統計量

	EM	vε	vεR	EM/vε	EM/vεR	vε/vεR
最小値	768	447	192.0	1.165	1.294	1.051
第 1 四分位数	2210	1531	658.5	1.713	**3.731**	1.793
中央値	4679	2466	821.5	1.780	**5.152**	2.809
平均値	3842	2142	831.8	1.816	4.775	**2.598**
第 3 四分位数	5093	2878	1024.0	1.899	**5.915**	3.215
最大値	5378	3162	1651.0	3.490	**9.390**	4.827

表 6.5 正規混合分布モデルにおける EM アルゴリズム，ε-accelerated EM(vε) アルゴリズムおよび εR-accelerated EM(vεR) アルゴリズムの CPU 時間（秒）とその比の要約統計量

	EM	vε	vεR	EM/vε	EM/vεR	vε/vεR
最小値	3.56	2.070	0.970	1.151	1.236	1.021
第 1 四分位数	10.26	7.110	3.160	1.707	3.494	1.657
中央値	21.79	11.460	3.905	1.779	4.947	2.692
平均値	17.83	9.952	4.057	1.814	**4.563**	**2.484**
第 3 四分位数	23.70	13.340	4.915	1.889	5.773	3.122
最大値	25.35	14.990	7.840	3.479	9.440	4.741

re-starting step の効果を見ることにする．表 6.4 より，反復回数において，εR-accelerated EM アルゴリズムは ε-accelerated EM アルゴリズムの収束スピードを平均で 2.6 倍改良していることがわかる．さらに，εR-accelerated EM アルゴリズムでは，EM アルゴリズムの 3.7 倍以上の速さで収束しているケースが 75 回はあり，そのうちで 50 回は 5 倍以上であった．表 6.5 より，εR-accelerated EM アルゴリズムは EM アルゴリズムの CPU 時間を平均で 4.6 倍の短縮を実現している．また，εR-accelerated EM アルゴリズムとの比較において，εR-accelerated EM アルゴリズムの CPU 時間は平均で 2.5 倍速いことがわかる．これらの結果から，re-starting step は εR-accelerated EM アルゴリズムの収束スピードを大幅に向上するうえで非常に有効に機能していると考えることが

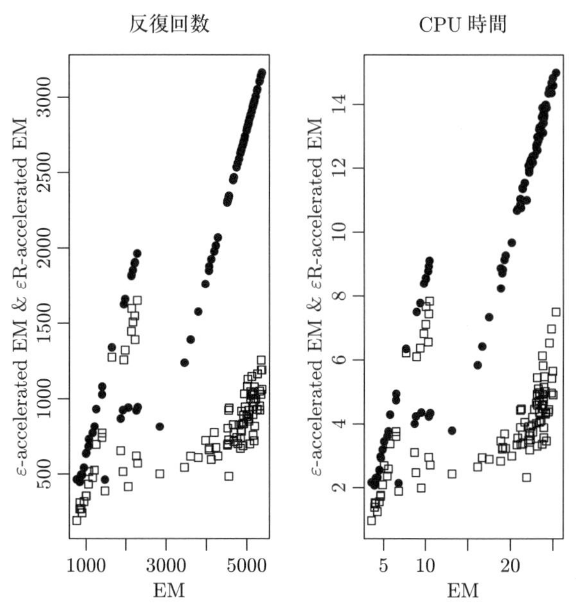

図 6.1　EM アルゴリズムに対する ε-accelerated EM アルゴリズム (●) および εR-accelerated EM アルゴリズム (□) の反復回数と CPU 時間の散布図

できる．

図 6.1 は，横軸に EM アルゴリズム，縦軸に ε-accelerated EM アルゴリズムと εR-accelerated EM アルゴリズムをとり，反復回数と CPU 時間をプロットしたものである．EM アルゴリズムの反復回数が 4000 回以上で 2 つの加速アルゴリズムを比較すると，εR-accelerated EM アルゴリズムが格段に速く収束している．この散布図は，EM アルゴリズムの収束の遅いデータに対し，εR-accelerated EM アルゴリズムが非常に有効であることを例示している．

● εR-accelerated EM アルゴリズムの疑似コード

ε-accelerated EM アルゴリズムおよび εR-accelerated EM アルゴリズムの疑似コードをアルゴリズム 6.1 および 6.2 に示す．また，疑似コードにおいて，EM アルゴリズムによる $\boldsymbol{\theta}$ の更新を $\boldsymbol{\theta}' \leftarrow M(\boldsymbol{\theta})$ で書くことにする．

アルゴリズム 6.1 ε-accelerated EM アルゴリズム

[アルゴリズムの初期設定]

初期値 $\boldsymbol{\theta}^{(0)}$，アルゴリズムの収束判定基準の値 δ を設定する．

[アルゴリズムの反復]

$\boldsymbol{\theta}_1 \leftarrow M(\boldsymbol{\theta}_0)$

$\dot{\boldsymbol{\theta}}_{\mathrm{old}} \leftarrow \boldsymbol{\theta}_1$

$itr \leftarrow 0$

repeat

$itr \leftarrow itr + 1$

$\boldsymbol{\theta}_2 \leftarrow M(\boldsymbol{\theta}_1)$

`# The ε-acceleration step`

$\Delta\boldsymbol{\theta}_0 \leftarrow \boldsymbol{\theta}_1 - \boldsymbol{\theta}_0$

$\Delta\boldsymbol{\theta}_1 \leftarrow \boldsymbol{\theta}_2 - \boldsymbol{\theta}_1$

$\dot{\boldsymbol{\theta}}_{\mathrm{new}} \leftarrow \boldsymbol{\theta}_1 + \left[[\Delta\boldsymbol{\theta}_1]^{-1} - [\Delta\boldsymbol{\theta}_0]^{-1}\right]^{-1}$

if $\|\dot{\boldsymbol{\theta}}_{\mathrm{new}} - \dot{\boldsymbol{\theta}}_{\mathrm{old}}\|^2 < \delta$ or $itr > itrmax$ **then**

Termination of iterations

end if

$\dot{\boldsymbol{\theta}}_{\mathrm{old}} \leftarrow \dot{\boldsymbol{\theta}}_{\mathrm{new}}$

$\boldsymbol{\theta}_0 \leftarrow \boldsymbol{\theta}_1$

$\boldsymbol{\theta}_1 \leftarrow \boldsymbol{\theta}_2$

end repeat

アルゴリズム 6.2 εR-accelerated EM アルゴリズム

[アルゴリズムの初期設定]

初期値 $\boldsymbol{\theta}^{(0)}$，アルゴリズムの収束判定基準の値 δ，最大反復回数 $itrmax$ を設定する．re-starting step における $\delta_{\mathrm{Re}}(>\delta)$ と k を設定する．

[アルゴリズムの反復]

$\boldsymbol{\theta}_1 \leftarrow M(\boldsymbol{\theta}_0)$

$\dot{\boldsymbol{\theta}}_{\mathrm{old}} \leftarrow \boldsymbol{\theta}_1$

$itr \leftarrow 0$

repeat

  $itr \leftarrow itr + 1$

  $\boldsymbol{\theta}_2 \leftarrow M(\boldsymbol{\theta}_1)$

  `# The ε-acceleration step`

  $\Delta\boldsymbol{\theta}_0 \leftarrow \boldsymbol{\theta}_1 - \boldsymbol{\theta}_0$

  $\Delta\boldsymbol{\theta}_1 \leftarrow \boldsymbol{\theta}_2 - \boldsymbol{\theta}_1$

  $\dot{\boldsymbol{\theta}}_{\mathrm{new}} \leftarrow \boldsymbol{\theta}_1 + \left[[\Delta\boldsymbol{\theta}_1]^{-1} - [\Delta\boldsymbol{\theta}_0]^{-1}\right]^{-1}$

  `# The re-starting step`

  if $\|\dot{\boldsymbol{\theta}}_{\mathrm{new}} - \dot{\boldsymbol{\theta}}_{\mathrm{old}}\|^2 < \delta_{Re}$ **then**

    if $\|\dot{\boldsymbol{\theta}}_{\mathrm{new}} - \dot{\boldsymbol{\theta}}_{\mathrm{old}}\|^2 < \delta$ or $itr > itrmax$ **then**

      Termination of iterations

    end if

    $\boldsymbol{\theta}_{\mathrm{tmp}} \leftarrow M(\dot{\boldsymbol{\theta}}_{\mathrm{new}})$

    if $\ell_o(\boldsymbol{\theta}_{\mathrm{tmp}}) > \ell_o(\boldsymbol{\theta}_2)$ **then**

      $\boldsymbol{\theta}_2 \leftarrow \boldsymbol{\theta}_{\mathrm{tmp}}$

      $\boldsymbol{\theta}_1 \leftarrow \dot{\boldsymbol{\theta}}_{\mathrm{new}}$

      $\delta_{\mathrm{Re}} \leftarrow \delta_{\mathrm{Re}} \times 10^{-k}$

    end if

  end if

  $\dot{\boldsymbol{\theta}}_{\mathrm{old}} \leftarrow \dot{\boldsymbol{\theta}}_{\mathrm{new}}$

  $\boldsymbol{\theta}_0 \leftarrow \boldsymbol{\theta}_1$

  $\boldsymbol{\theta}_1 \leftarrow \boldsymbol{\theta}_2$

end repeat

付録　R パッケージ

A.1　EM アルゴリズムの R パッケージ

EM アルゴリズムの R パッケージとして，cat と norm を紹介する．これらは，Joseph Schafer 博士によるものであり，彼の著書である Schafer (1997) の数値例で使用している．cat は分割表の多項分布モデルおよび対数線形モデルに対する EM アルゴリズム，また，norm は多変量正規分布モデルに対する EM アルゴリズムを実行することができる．パッケージは CRAN からダウンロードすることができ，マニュアルは

- cat: https://cran.r-project.org/web/packages/cat/index.html
- norm: https://cran.r-project.org/web/packages/norm/index.html

にある．

A.2　cat パッケージ

cat パッケージには，多項分布モデルに対する EM アルゴリズムとして em.cat 関数，そして，対数線形モデルに対する ECM アルゴリズムとして ecm.cat 関数が用意されている．

A.2.1　em.cat 関数

em.cat は

```
em.cat(s, start, showits=TRUE, maxits=1000, eps=0.0001)
```

により使用することができる．引数は

- s: prelim.cat が生成する観測データの欠測に関する情報のリスト
- start: 初期値（指定は任意）
- showits: 反復回数（TRUE = 表示，FALSE = 非表示）
- maxit: 最大反復回数（指定しなければ 1000 回）
- eps: 収束判定基準（指定しなければ 0.0001）

である．また，prelim.cat の指定は

```
prelim.cat(x, counts, levs)
```

であり，その引数は

- x ：セル（欠測は NA）
- count ：度数
- levs ：x の列数（省略可）

である．

cat パッケージで準備されているデータ crimes により，em.cat を実行する．crimes はアメリカでの家庭における虐待調査のデータであり，変数は

1. V1: 第 1 回目の訪問での虐待の有無（無 = 1，有 = 2）
2. V2: 第 2 回目の訪問での虐待の有無（無 = 1，有 = 2）

である．

まず，cat を呼び出し，データ crimes を読み込む．

```
library(cat)
data(crimes)
```

表 A.1 アメリカでの家庭における虐待の状態の分割表

	$V_2 = 1$	$V_2 = 2$
$V_1 = 1$	392	55
$V_1 = 2$	76	38

	$V_2 =$ 欠測
$V_1 = 1$	33
$V_1 = 2$	9

	$V_2 = 1$	$V_2 = 2$
$V_1 =$ 欠測	31	7

	$V_2 =$ 欠測
$V_1 =$ 欠測	115

cat では，データは集計表の形式で表現する．

```
> # データの表示
> crimes
      V1 V2   N
 [1,]  1  1 392
 [2,]  1  2  55
 [3,]  1 NA  33
 [4,]  2  1  76
 [5,]  2  2  38
 [6,]  2 NA   9
 [7,] NA  1  31
 [8,] NA  2   7
 [9,] NA NA 115
```

出力結果から，V1 と V2 の列がセルであり，そのいくつかに欠測 NA があることがわかる．また，N の列が度数である．比較のために，分割表にまとめたものを表 A.1 に示す．

次に，prelim.cat を用いて，crimes の欠測パターン等に関するリストを作成する．

```
s <- prelim.cat(crimes[,1:2], crimes[,3])
```

ここでは，最初の引数で V1 と V2 のセル crimes[,1:2]，次の引数で度数

crimes[,3] を記述する．以下に，この関数の実行結果の一部を示す．

```
> # セル (crimes[,1:2])
> s$x
      [,1] [,2]
 [1,]    1    1
 [2,]    2    1
 [3,]    1    2
 [4,]    2    2
 [5,]   NA    1
 [6,]   NA    2
 [7,]    1   NA
 [8,]    2   NA
 [9,]   NA   NA
> # セルの観測パターン (観測 = 1, 欠測 = 0) ごとの度数
> s$r
    [,1] [,2]
561    1    1
38     0    1
42     1    0
115    0    0
> # 欠測している V1 と V2 のセルの個数
> s$nmis
V1 V2
 3  3
> # 度数 (crimes[,3])
> s$nmobs
[1] 392  76  55  38  31   7  33   9 115
```

この他にも，s には crimes の欠測に関する情報が格納されている．

最後に，em.cat の実行結果を示す．

```
> MLE <- em.cat(s, showits=TRUE)
Iterations of EM:
1...2...3...4...5...6...7...8...
```

```
> # 最尤推定値
> MLE
          [,1]       [,2]
[1,] 0.6971217 0.09863165
[2,] 0.1357838 0.06846281
> # 対数尤度関数の値
> logpost.cat(s,MLE)
[1] -562.5034
```

EM アルゴリズムは 8 回の反復で収束 (`Iterations of EM`) し，最尤推定値は `MLE` で確認することができる．また，`MLE` による対数尤度関数の値 (`logpost.cat(s,MLE)`) は -562.5034 である．

外部データを使用する場合，CSV 形式のデータを作成し，それを `matrix` 形式で読み込む．例えば，例 2.1 の分割表であれば，次のような CSV 形式でデータファイルを作成する．

```
Y1, Y2,   n
 1,  1,  40
 1,  2,  15
 2,  1,  20
 2,  2,  25
 1, NA,  80
 2, NA, 120
NA,  1, 140
NA,  2,  60
```

ファイル名を `obs.txt` としたとき，

```
obs <- as.matrix(read.csv("obs.txt", header = TRUE))
```

とすればよい．`ecm.cat` 関数においても，同じ方法でデータを作成することができる．

A.2.2 ecm.cat 関数

分割表の対数線形モデルに対し，ecm.cat を用いる．この関数は

```
ecm.cat(s, margins, start, showits=TRUE, maxits=1000, eps=0.0001)
```

であり，引数 margins に対数線形モデルの各変数の最高次の交互作用項を記述する．例えば，5.1 節で示した 3 元分割表の 3 次交互作用のない対数線形モデルは

```
margins = c(1,2,0,1,3,0,2,3)
```

となる．ここで，0 は交互作用項を区別するために入れる．この他にも，対数線形モデルの記述として，

- 飽和モデル: margins = c(1,2,3)
- 条件付き独立モデル: margins = c(1,2,0,2,3),
  margins = c(1,3,0,2,3),
  margins = c(1,2,0,1,3)
- 独立モデル: margins = (1,0,2,0,3)

などがある．対数線形モデルについては，宮川・青木 (2018) に詳しい説明がある．

cat パッケージで準備されているデータ belt により，ecm.cat を実行する．belt はメイン州における自動車事故に関するデータであり，変数は

1. I1: 警官の報告によるケガの有無（無 = 1，有 = 2）
2. I2: 追跡調査によるケガの有無（無 = 1，有 = 2）
3. B2: 追跡調査によるシートベルト使用の有無（無 = 1，有 = 2）
4. D: 自動車の損傷の度合い（高 = 1，低 = 2）
5. S: 性別（男性 = 1，女性 = 2）
6. B1: 警官の報告によるシートベルト使用の有無（無 = 1，有 = 2）

である．また，belt には I2 と B2 の観測の一部に欠測があるため，

(i) [I1, I2, B2, D, S, B1] のすべてについて観測されたデータ
(ii) [I1, D, S, B1] について観測されたデータ

が得られていることになる．以下に belt を表示する．

```
> data(belt)
> belt
   I1 I2 B2 D S B1  Freq
1   1  1  1 1 1  1     6
2   2  1  1 1 1  1     9
3   1  2  1 1 1  1    30
4   2  2  1 1 1  1     2
(省略)
61  1  1  2 2 2  2    37
62  2  1  2 2 2  2    29
63  1  2  2 2 2  2   206
64  2  2  2 2 2  2     4
65  1 NA NA 1 1  1 17476
66  2 NA NA 1 1  1  6746
67  1 NA NA 2 1  1 22536
68  2 NA NA 2 1  1  1687
(省略)
77  1 NA NA 1 2  2   728
78  2 NA NA 1 2  2   297
79  1 NA NA 2 2  2  1262
80  2 NA NA 2 2  2   117
```

このとき，(i) のデータが 1 から 64，(ii) のデータが 65 から 80 にそれぞれ対応する．

対数線形モデルとして，[I2, B2, D, S] と [I1, B1] が独立であることを仮定するとき，

```
m <- c(2,3,4,5,0,1,6)
```

となる．このモデルに対し，ecm.cat を実行するには次のように記述すればよい．

```
data(older)
older
s <- prelim.cat(older[,1:6], older[,7])
m <- c(2,3,4,5,0,1,6)
MLE <- ecm.cat(s, margins=m)
logpost.cat(s, MLE)
```

このデータに対する最尤推定値 MLE は

```
, , 1, 1, 1, 1

            [,1]        [,2]
[1,] 0.003938828 0.006564713
[2,] 0.010240790 0.017067983

, , 2, 1, 1, 1

            [,1]       [,2]
[1,] 0.007002361 0.01400472
[2,] 0.018205849 0.03641170
(省略)
, , 1, 2, 2, 2

            [,1]        [,2]
[1,] 0.005028115 0.006033738
[2,] 0.016519529 0.019823435

, , 2, 2, 2, 2
```

```
              [,1]        [,2]
[1,] 0.003716783 0.006902597
[2,] 0.012211236 0.022678010
```

である．これを集計表の形式で表示するとき，

```
cbind(belt[1:64,-7],as.matrix(MLE))
```

とすればよい．

```
   I1 I2 B2 D S B1
1   1  1  1 1 1  1 0.003938828
2   2  1  1 1 1  1 0.010240790
3   1  2  1 1 1  1 0.006564713
4   2  2  1 1 1  1 0.017067983
（省略）
61  1  1  2 2 2  2 0.003716783
62  2  1  2 2 2  2 0.012211236
63  1  2  2 2 2  2 0.006902597
64  2  2  2 2 2  2 0.022678010
```

A.3 norm パッケージ

norm パッケージの em.norm 関数により，正規分布モデルに対する EM アルゴリズムを実行することができる．em.norm の引数は em.cat と同じであり，

```
em.norm(s, start, showits=TRUE, maxits=1000, eps=0.0001)
```

である．norm では，prelim.norm 関数を用いて観測データから s を生成する．また，推定値の出力のための関数として，

```
getparam.norm(s, MLE, corr=TRUE)
```

が準備されている．ここで，引数 MLE は em.norm で求めた最尤推定値であり，引数 corr で表示形式を指定する．

- corr=TRUE: 平均 (mu)，標準偏差 (sdv)，相関行列 (r)
- corr=FALSE: 平均 (mu)，分散共分散行列 (sigma)

em.norm を実行するデータとして，UC Irvine Machine Learning Repository[1)]にある Wine Quality Data Set (winequality-red.csv) を用いる．このデータは，変数に

1. fixed acidity: 酒石酸濃度
2. volatile acidity: 酢酸濃度
3. citric acid: クエン酸濃度
4. residual sugar: 残糖濃度
5. chlorides ：塩化ナトリウム濃度
6. free sulfur dioxide: 遊離二酸化硫黄濃度
7. total sulfur dioxide: 総二酸化硫黄濃度
8. density: 密度
9. pH: 水素イオン濃度
10. sulphates: 硫化カリウム濃度
11. alcohol: アルコール度数
12. quality: 評価（0 点から 10 点）

をもつ 1599×12 行列であり，欠測を含まない．そこで，欠測をランダムに発生させる．

```
obs <- as.matrix(read.csv("winequality-red.csv", header=TRUE))
col.num <- ncol(obs)
row.num <- nrow(obs)
```

1) https://archive.ics.uci.edu/ml/index.php

```
for(i in 1:row.num){
   mis.num <- sample(0:(col.num-1),1)
   del <- sample(1:col.num, mis.num, replace=FALSE)
   obs[i,del] <- NA
}
```

これにより作成したデータ obs に対し，em.norm を実行するためには次のように記述する．

```
library("norm")

s <- prelim.norm(obs)
MLE <- em.norm(s)

loglik.norm(s, MLE)
```

EM アルゴリズムは 29 回で収束し，最尤推定値による対数尤度関数の値 (loglik.norm(s, MLE)) は -3609.075 である．また，getparam.norm による最尤推定値 MLE の出力は以下のようになる．

```
> # 相関係数行列による出力
> res1 <- getparam.norm(s, MLE, corr=TRUE)
> # 平均の推定値
> round(res1$mu,3)
 [1]  8.349  0.527  0.277  2.592  0.087 15.777 45.554  0.997
 [9]  3.307  0.662 10.428  5.635
> # 標準偏差の推定値
> round(res1$sdv,3)
 [1]  1.752  0.178  0.197  1.539  0.046 10.162 30.949  0.002
 [9]  0.151  0.180  1.060  0.789
> # 相関係数行列の推定値
> round(res1$r,3)
```

```
        [,1]   [,2]   [,3]   [,4]   [,5]   [,6]   [,7]   [,8]
 [1,]  1.000 -0.240  0.682  0.071  0.086 -0.162 -0.120  0.685
 [2,] -0.240  1.000 -0.537 -0.007  0.078 -0.047  0.035 -0.009
 [3,]  0.682 -0.537  1.000  0.134  0.203 -0.082  0.016  0.408
 [4,]  0.071 -0.007  0.134  1.000 -0.011  0.143  0.147  0.312
 [5,]  0.086  0.078  0.203 -0.011  1.000 -0.005  0.080  0.154
 [6,] -0.162 -0.047 -0.082  0.143 -0.005  1.000  0.672 -0.058
 [7,] -0.120  0.035  0.016  0.147  0.080  0.672  1.000  0.074
 [8,]  0.685 -0.009  0.408  0.312  0.154 -0.058  0.074  1.000
 [9,] -0.699  0.232 -0.539 -0.046 -0.263  0.126 -0.035 -0.380
[10,]  0.168 -0.299  0.337 -0.021  0.388  0.093  0.101  0.145
[11,] -0.053 -0.176  0.099  0.065 -0.196  0.019 -0.180 -0.471
[12,]  0.100 -0.361  0.195  0.049 -0.137 -0.036 -0.232 -0.135
        [,9]  [,10]  [,11]  [,12]
 [1,] -0.699  0.168 -0.053  0.100
 [2,]  0.232 -0.299 -0.176 -0.361
 [3,] -0.539  0.337  0.099  0.195
 [4,] -0.046 -0.021  0.065  0.049
 [5,] -0.263  0.388 -0.196 -0.137
 [6,]  0.126  0.093  0.019 -0.036
 [7,] -0.035  0.101 -0.180 -0.232
 [8,] -0.380  0.145 -0.471 -0.135
 [9,]  1.000 -0.175  0.204 -0.026
[10,] -0.175  1.000  0.098  0.224
[11,]  0.204  0.098  1.000  0.438
[12,] -0.026  0.224  0.438  1.000

> # 分散共分散行列による表示
> res2 <- getparam.norm(s, MLE, corr=FALSE)
> round(res2$mu,3)
 [1]  8.349  0.527  0.277  2.592  0.087 15.777 45.554  0.997
 [9]  3.307  0.662 10.428  5.635
> # 分散共分散行列の推定値
> round(res2$sigma,3)
```

```
       [,1]   [,2]   [,3]   [,4]   [,5]    [,6]    [,7]
 [1,]  3.069 -0.075  0.235  0.190  0.007  -2.880  -6.504
 [2,] -0.075  0.032 -0.019 -0.002  0.001  -0.086   0.190
 [3,]  0.235 -0.019  0.039  0.041  0.002  -0.164   0.098
 [4,]  0.190 -0.002  0.041  2.368 -0.001   2.236   7.005
 [5,]  0.007  0.001  0.002 -0.001  0.002  -0.003   0.115
 [6,] -2.880 -0.086 -0.164  2.236 -0.003 103.258 211.431
 [7,] -6.504  0.190  0.098  7.005  0.115 211.431 957.848
 [8,]  0.002  0.000  0.000  0.001  0.000  -0.001   0.004
 [9,] -0.185  0.006 -0.016 -0.011 -0.002   0.193  -0.162
[10,]  0.053 -0.010  0.012 -0.006  0.003   0.170   0.564
[11,] -0.099 -0.033  0.021  0.106 -0.010   0.206  -5.913
[12,]  0.139 -0.051  0.030  0.059 -0.005  -0.289  -5.660
       [,8]   [,9]  [,10]  [,11]  [,12]
 [1,]  0.002 -0.185  0.053 -0.099  0.139
 [2,]  0.000  0.006 -0.010 -0.033 -0.051
 [3,]  0.000 -0.016  0.012  0.021  0.030
 [4,]  0.001 -0.011 -0.006  0.106  0.059
 [5,]  0.000 -0.002  0.003 -0.010 -0.005
 [6,] -0.001  0.193  0.170  0.206 -0.289
 [7,]  0.004 -0.162  0.564 -5.913 -5.660
 [8,]  0.000  0.000  0.000 -0.001  0.000
 [9,]  0.000  0.023 -0.005  0.033 -0.003
[10,]  0.000 -0.005  0.032  0.019  0.032
[11,] -0.001  0.033  0.019  1.124  0.366
[12,]  0.000 -0.003  0.032  0.366  0.623
```

ここでは触れなかったが，cat と norm には多重代入法 (multiple imputation) と DA アルゴリズムが実行できる関数も用意されており，実行方法も em.cat(ecm.cat) や norm.em とほとんど同じである．

- cat パッケージ
  - imp.cat: 分割表の多項分布モデルと対数線形モデルに対する多重代入法
  - da.cat: 分割表の多項分布モデルに対する DA アルゴリズム

- `norm` パッケージ
    - `imp.norm`: 正規分布モデルに対する多重代入法
    - `da.norm`: 正規分布モデルに対する DA アルゴリズム

EM アルゴリズムが最尤推定値を求めるのに対し，ベイズ法による DA アルゴリズムでは事後平均を推定値とする．このため，2 つのアルゴリズムによる推定値は異なる．`cat` や `norm` にある関数により求めた EM アルゴリズムと DA アルゴリズムの推定値を比較することで，最尤法とベイズ法の背景となる考え方の違いなどについての理解が深まるかもしれない．

参考文献

[1] Bishop, C. (2006). *Pattern recognition and machine learning.* Springer.

[2] Bishop, Y.M.M., Fienberg, S.E. and Holland, P.W. (1974). *Discrete multivariate analysis: theory and practice.* The MIT Press.

[3] Booth, J.G. and Hobert, J.P. (1999). Maximizing generalized linear mixed model likelihoods with an automated Monte Carlo EM algorithm. *Journal of the Royal Statistical Society Series B* **61**, pp. 265–285.

[4] Caffo, B.S., Jank, W. and Jones, G.L. (2005). Ascent-based Monte Carlo expectation-maximization. *Journal of the Royal Statistical Society. Series B* **67**, pp. 235–251.

[5] Chan, K.S. and Ledolter, J. (1995). Monte Carlo EM estimation for time series models involving counts. *Journal of the American Statistical Association* **90**, pp. 242–252.

[6] Chen, T. and Fienberg, S.E. (1976). The analysis of contingency tables with incompletely classified data. *Biometrics* **32**, pp. 133–144.

[7] Cox, D.R. and Hinkley, D.V. (1974). *Theoretical statistics.* Chapman & Hall.

[8] Dempster, A.P., Laird, N.M. and Rubin, D.B. (1977). Maximum likelihood from incomplete data via the EM algorithm. With discussion. *Journal of the Royal Statistical Society. Series B* **39**, pp. 1–38.

[9] Efron, B. (1979). Bootstrap methods: Another look at the jackknife. *The Annals of Statistics* **7**, pp. 1–26.

[10] Efron, B. (1981). Nonparametric standard errors and confidence intervals. *Canadian Journal of Statistics* **9**, pp. 139–1581.

[11] Efron, B. (1982). *The jackknife, the bootstrap and other resampling plans.* SIAM.

[12] Efron, B. and Tibshirani, R.J. (1993). *An introduction to the bootstrap.* Chapman and Hall.

[13] Gamerman, D. and Lopes, H.F. (2006). *Markov chain Monte Carlo: Stochastic simulation for Bayesian inference, Second Edition.* Chapman and Hall/CRC.

[14] Haitovsky, Y. (1968). Missing data in regression analysis. *Journal of the Royal Statistical Society. Series B* **30**, pp. 67–82.

[15] Hall, P. (1992). *The bootstrap and edgeworth expansion.* Springer.

[16] Hartley, H.O. and Hocking, R.R. (1971). The analysis of incomplete data. *Biometrics* **27**, pp. 783–823.

[17] Jamshidian, M. and Jennrich, R.I. (1993). Conjugate gradient acceleration of the EM algorithm. *Journal of the American Statistical Association* **88**, pp. 221–228.

[18] Jamshidian, M. and Jennrich, R.I. (1997). Acceleration of the EM algorithm by using quasi-Newton methods. *Journal of the Royal Statistical Society. Series B* **59**, pp. 569–587.

[19] Jank, W. and Booth, J. (2003). Efficiency of Monte Carlo EM and simulated maximum likelihood in two-stage hierarchical models. *Journal of Computational and Graphical Statistics* **12**, pp. 214-229

[20] Jones, O., Maillardet, R. and Robinson, A. (2009). *Introduction to scientific programming and simulation using R.* Chapman and Hall/CRC.

[21] 小西貞則・越智義道・大森裕浩 (2008). 計算統計学の方法—ブートストラップ, EM アルゴリズム, MCMC—. 朝倉書店.

[22] 今野浩・山下浩 (1978). 非線形計画法. 日科技連出版社.

[23] 黒田正博 (2017). vector ε アルゴリズムによる EM アルゴリズムの収束の加速化とその改良. 計算機統計学 **30**, pp. 131–143.

[24] Kuroda, M. and Sakakihara, M. (2006). Accelerating the convergence of the EM algorithm using the vector ε algorithm. *Computational Statistics & Data Analysis* **51**, pp. 1549–1561.

[25] Kuroda, M., Geng, Z. and Sakakihara, M. (2015). Improving the vector ε acceleration for the EM algorithm using a re-starting procedure. *Computational Statistics* **30**, pp. 1051–1077.

[26] Levine, R.A. and Casella, G. (2001). Implementations of the Monte Carlo EM algorithm. *Journal of Computational and Graphical Statistics* **10**, pp. 422–439.

[27] Little, R.J.A. and Rubin, D.B. (2002). *Statistical analysis with missing data. Second edition.* Wiley-Interscience.

[28] Liu, C. and Rubin, D.B. (1994). The ECME algorithm: A simple extension of EM and ECM with faster monotone convergence. *Biometrika* **81**, pp. 633–648.

[29] Louis, T.A. (1982). Finding the observed information matrix when using the EM algorithm. *Journal of the Royal Statistical Society. Series B* **44**, pp. 226–233.

[30] McCulloch, C.E. (1994). Maximum likelihood variance components estimation for binary data. *Journal of the American Statistical Association* **89**, pp.

330–335.

[31] McCulloch, C.E. (1997). Maximum likelihood algorithms for generalized linear mixed models. *Journal of the American Statistical Association* **92**, pp. 162–170.

[32] McLachlan, G.J. and Krishnan, T. (2008). *The EM algorithm and extensions, 2nd edition.* Wiley & Sons.

[33] Meilijson, I. (1989). A fast improvement to the EM algorithm on its own terms. *Journal of the Royal Statistical Society. Series B* **51**, pp. 127–138.

[34] Meng, X.L. (1994). On the rate of convergence of the ECM algorithm. *The Annals of Statistics* **22**, pp. 326–339.

[35] Meng, X.L. and Rubin, D.B. (1991). Using EM to obtain asymptotic variance-covariance matrices: The SEM algorithm. *Journal of the American Statistical Association* **86**, pp. 899-909.

[36] Meng, X.L. and Rubin, D.B. (1993). Maximum likelihood estimation via the ECM algorithm: A general framework. *Biometrika* **80**, pp. 267–278.

[37] Meng, X.L. and Rubin, D.B. (1994). On the global and componentwise rates of convergence of the EM algorithm. *Linear Algebra and its Applications* **199**, pp. 413–425.

[38] 宮川雅巳・青木敏 (2018). 分割表のための統計解析. 朝倉書店.

[39] 元田浩・栗田多喜夫・樋口知之・松本裕治・村田昇 監訳 (2012). パターン認識と機械学習 上・下. 丸善出版.

[40] 森正武 (2002). 数値解析 (第 2 版). 共立出版.

[41] Neath, R.C. (2013). On convergence properties of the Monte Carlo EM algorithm. *Advances in modern statistical theory and applications: A festschrift in honor of Morris L. Eaton* **10**, pp. 43–62.

[42] 大森裕浩 (2001). マルコフ連鎖モンテカルロ法の最近の展開. 日本統計学会誌 **31**, pp. 305–344.

[43] Ostrowski, A.M. (1966). *Solution of equations and systems of equations. Second edition.* Academic Press.

[44] R Development Core Team 2013. *R: A language and environment for statistical computing.* R Foundation for Statistical Computing. ISBN 3-900051-07-0, URL `http://www.R-project.org`.

[45] Rubin, D.B. (1976). Inference and missing data. *Biometrika* **63**, pp. 581–592.

[46] Rubin, D.B. (1987). *Multiple imputation for nonresponse in surveys.* John Wiley & Sons.

[47] Sidi, A. (2003). *Practical extrapolation methods, theory and applications.* Cambridge University Press.

[48] Tanner, M.A. (1996). *Tools for statistical inference. Third edition.* Springer-

Verlag.

[49] Tanner, M.A. and Wong, W.H. (1987). The calculation of posterior distributions by data augmentation. *Journal of the American Statistical Association* **82**, pp. 528–540.

[50] Tukey, J.W. (1958). Bias and confidence in not quite large samples. *The Annals of Mathematical Statistics* **29**, pp. 614.

[51] van Dyk, D.A. and Meng, X.L. (1997). On the orderings and groupings of conditional maximizations within ECM type algorithms. *Journal of Computational and Graphical Statistics* **6**, pp. 202–223.

[52] van Dyk, D.A. and Meng, X.L. (2010). Cross-fertilizing strategies for better EM mountain climbing and DA field exploration: A graphical guide book. *Statistical Science* **25**, pp. 429–449.

[53] Wang, M., Kuroda, M., Sakakihara, M. and Geng, Z. (2008). Acceleration of the EM algorithm using the vector epsilon algorithm. *Computational Statistics* **23**, pp. 469–486.

[54] 汪金芳・桜井裕仁 (2011). ブートストラップ入門 (R で学ぶデータサイエンス 4 巻). 共立出版.

[55] 渡辺美智子・山口和範 編著 (2000). EM アルゴリズムと不完全データの諸問題. 多賀出版.

[56] Watanabe, M. and Yamaguchi, K. (2003). *The EM algorithm and related statistical models.* CRC Press.

[57] Wei, G.C.G. and Tanner, M.A. (1990). A Monte Carlo implementation of the EM algorithm and the poor man's data augmentation algorithms. *Journal of the American Statistical Association* **85**, pp. 699–704.

[58] Wu, C.F.J. (1983). On the convergence properties of the EM algorithm. *The Annals of Statistics* **11**, pp. 95–103.

[59] Wynn, P. (1962). Acceleration techniques for iterated vector and matrix problems. *Mathematics of Computation* **16**, pp. 301–322.

[60] 矢部博 (2006). 最適化とその応用. 数理工学社.

[61] 山本哲朗 (2006). 数値解析入門 [増訂版]. サイエンス社.

[62] 柳川堯 (1990). 統計数学. 近代科学社.

[63] Zangwill, W.I. (1969). *Nonlinear programming: A unified approach.* Prentice-Hall.

索　引

〈著者紹介〉

黒田正博（くろだ まさひろ）

2000 年　東京理科大学大学院工学研究科博士後期課程修了
現　在　岡山理科大学経営学部 教授
　　　　博士（工学）
専　門　計算機統計学
主　著　『最小二乗法・交互最小二乗法』（共著，共立出版，2017）
　　　　"*Nonlinear Principal Component Analysis and Its Applications-JSS Research Series in Statistics-*"（共著，Springer, 2016）

統計学 One Point 18

EM アルゴリズム

EM algorithm

2020 年 7 月 31 日　初版 1 刷発行
2022 年 9 月 25 日　初版 2 刷発行

著　者　黒田正博　© 2020
発行者　南條光章
発行所　**共立出版株式会社**
〒112-0006
東京都文京区小日向 4-6-19
電話番号　03-3947-2511（代表）
振替口座　00110-2-57035
www.kyoritsu-pub.co.jp

印　刷　大日本法令印刷
製　本　協栄製本

一般社団法人
自然科学書協会
会員

検印廃止
NDC 417

ISBN 978-4-320-11269-8

Printed in Japan